Toni P. Labhart
Geologie der Schweiz

Toni P. Labhart

Geologie der Schweiz

OTT VERLAG THUN

Die Deutsche Bibliothek – CIP-Einheitsaufnahme

Labhart, Toni P.:
Geologie der Schweiz/Toni Peter Labhart. – Thun: Ott, 1992
ISBN 3-7225-6298-8

ISBN 3-7225-6298-8
Gestaltung: Waldemar Wiederkehr
Satz und Druck: Ott Verlag + Druck AG, Thun
Printed in Switzerland / Imprimé en Suisse

Umschlagbild:
Faltenbau an der Front der helvetischen Wildhorndecke.
Blick von Westen in die Berge südlich von Gsteig-Lauenen im Berner Oberland. Im Vordergrund das Schlauchhorn mit grossen, nach Norden überliegenden Falten im Kalkstein (Schrattenkalk) und fein gefältelten mergeligen Schichten (Barremien). In der hinteren Kulisse am linken Bildrand schöne S-förmige Falte im Spitzhorn. Im Hintergrund rechts das Wildhorn.

Inhaltsverzeichnis

Vorwort

Dieses Buch ist bestimmt für den Naturfreund, der sich für die Geologie am Wegrand interessiert. Auch Schüler und Studenten, die sich mit der Geologie der Schweiz befassen müssen, werden als Einstieg froh sein über ein knapp gehaltenes, illustriertes Buch. Hauptziel dieses kleinen Werkes ist es, Verständnis für die Geologie und für geologische Vorgänge zu wecken. Es möchte den Leser und die Leserin dazu anregen, auf Wanderungen und Bergfahrten vermehrt Gesteine, Mineralien und Felsformationen zu beachten und ihre Sprache verstehen zu lernen. Dabei müssen wir uns darauf beschränken, die grossen, wesentlichen Züge aufzuzeigen. Sollte dabei der Wunsch erwachen, mehr über lokale Geologie zu erfahren oder ganz allgemein tiefer in die Materie einzudringen, so können die Angaben über Literatur und geologische Karten weiterhelfen.

Ich habe mich um eine möglichst verständliche Sprache bemüht. Allerdings kommt man einfach nicht um gebräuchliche Fachausdrücke, um Mineral-, Gesteins- und Schichtnamen herum. Viele davon sind im Text oder im Glossar erklärt.

Der Vorläufer dieses Buches ist unter gleichem Namen als Hallwag-Taschenbuch erschienen. Ich bin dem Verlag Ott dankbar, dass es möglich war, in so kurzer Zeit nach der Aufgabe der Taschenbuchreihe durch Hallwag eine wesentlich erweiterte und völlig überarbeitete Version zu veröffentlichen.

Ein ganz besonderer Dank von Autor und Verlag gebührt Harald Moeschlin in Göteborg. Selber ein begeisterter Amateur, hat er es durch einen namhaften Betrag ermöglicht, den Preis des Buches attraktiv zu gestalten. Vielen Kollegen bin ich zu grossem Dank verpflichtet: Für Anregungen, für Diskussionen über die Stoffauswahl, für die Durchsicht des Manuskripts, für das Überlassen von Illustrationen oder auch einfach für wohlwollende Ermutigung bei dem nicht einfachen Unterfangen, eine kurze, leichtfassliche und trotzdem moderne Schrift über die Geologie der Schweiz zu verfassen.

Der Kontakt mit meiner Leserschaft ist mir wichtig. Zuschriften und Bemerkungen, auch Hinweise auf Fehler oder Ergänzungsvorschläge, nehme ich gerne entgegen.

Toni Labhart

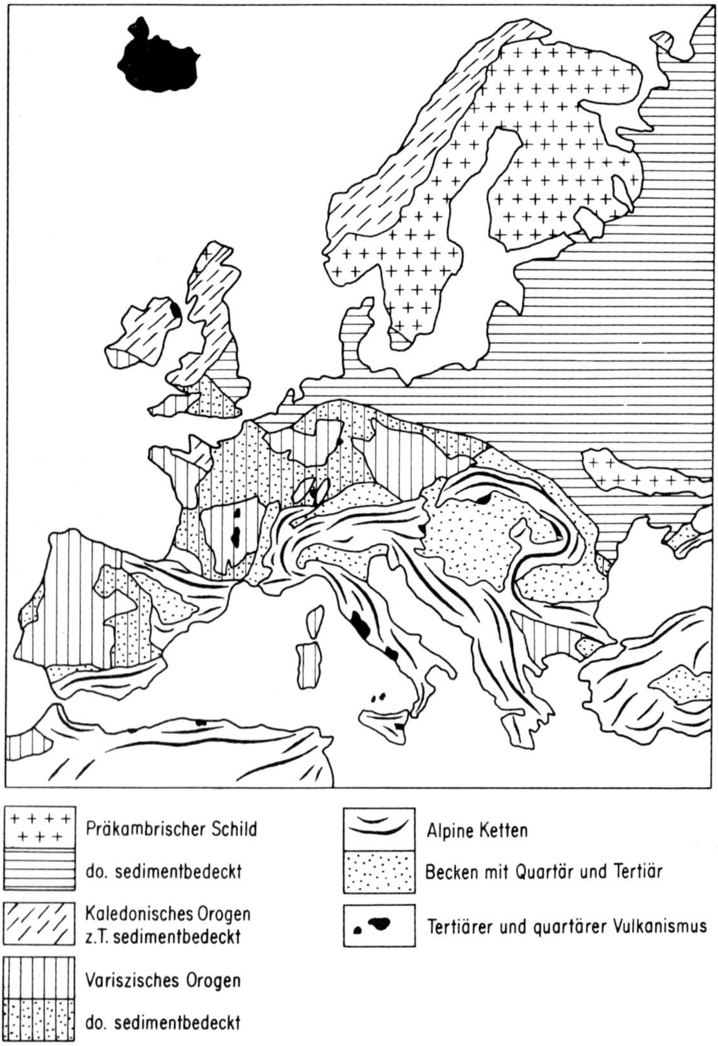

Abb. 1
Die Bauelemente Westeuropas.

1. Die Schweiz im geologischen Gesamtbild Europas

Wie alle Kontinente hat Europa eine lange und wechselvolle Geschichte hinter sich. Es besteht aus einem Mosaik ungleich alter Erdkrustenteile, welche im Verlaufe von dreieinhalb Milliarden Jahren bei einer ganzen Reihe von Gebirgsbildungen entstanden und aneinander geschweisst worden sind:

– Im *Fennoskandischen* und *Baltischen Schild* Nordosteuropas finden sich die ältesten Gesteinsserien Europas, mit Alter zwischen einer und dreieinhalb Milliarden Jahren. Riesige Areale dieses präkambrischen Schildes sind allerdings in der russischen Platte unter jüngeren Ablagerungen verborgen.

– Die *Kaledonische Gebirgsbildung* im Silur prägte die Gebirge Nordwesteuropas (Norwegen, Schottland, Irland).

– Die *variszische Gebirgsbildung* formte im Karbon und im unteren Perm Gebirgsketten, welche heute in West- und Südwesteuropa erhalten sind. Grössere bekannte Teilbereiche sind: Ardennen, Rheinisches Schiefergebirge, Harz, Erzgebirge, Fichtelgebirge, Odenwald, Spessart, Vogesen, Schwarzwald, Böhmische Masse, Massif Central (Frankreich), Teile Spaniens und Portugals, Sardinien und Korsika. Die variszische Gebirgsbildung ist charakterisiert durch das gehäufte Auftreten von Graniten in vielen Teilgebieten.

– Die *alpinen Gebirge* sind Ende Kreide und im Tertiär aufgefaltet worden. Sie bilden geschlossene, oft auffallend gekrümmte Faltenzüge. Als junge und noch wenig abgetragene Ketten entsprechen sie in Form und Höhenlage am besten unserer Vorstellung vom «Gebirge».

Zu den alpinen Gebirgen gehören die Alpen, die Karpaten, der Apennin, die Dinariden, die Pyrenäen und der Atlas. Im Umfeld der alpinen Ketten gibt es zahlreiche Becken mit Anhäufungen tertiärer und quartärer Ablagerungen; das schweizerische Molassebecken ist ein Beispiel dafür.

Mit grosser Wahrscheinlichkeit hat Europa mehr Gebirgsbildungen als die oben aufgelisteten erlebt. So sind in jüngerer Zeit wiederholt Relikte einer cadomischen Gebirgsbildung mit Alter Ende Präkambrium/Kambrium beschrieben worden, vor allem in der Normandie und auf den britischen Inseln.

In seiner «jüngeren» Vergangenheit ist Europa alle 100 bis 200 Millionen Jahre von einer Gebirgsbildung erfasst worden. Alle drei, kaledonische, variszische und alpine, werden heute mit

plattentektonischen Modellen erklärt. Diese globale Theorie (wir haben ihr ein eigenes Kapitel gewidmet; S. 136) führt die Entstehung der Gebirge auf Kontinent-Kontinent-Kollisionen zurück. Dabei werden zwangsläufig Teile älterer Gebirge in ein neu entstehendes eingebaut, als ganze Krustenstücke oder aber in Form ihrer sedimentären Abtragungsprodukte. So konnten im kristallinen Untergrund, der in den Bau der Schweizer Alpen einbezogen worden ist, Relikte – Gesteine und Mineralien – aller oben erwähnten europäischen Gebirgsbildungen nachgewiesen werden, selbst mächtige, variszische Granitkörper. Die in die Alpenfaltung integrierten Sedimente karbonischen, permischen und triadischen Alters sind Abtragungsprodukte der variszischen Gebirge.
Prägend für das geologische Bild der Schweiz ist die alpine Gebirgsbildung. Dies gilt nicht nur für die Alpen, sondern auch für das Mittelland, in welchem sich der Abtragungsschutt der werdenden Alpen sammelte, und für das Juragebirge, welches ein kleiner, nördlicher Seitenstrang der Alpen ist.

2. Die geologische Erforschung

Unser heutiges Wissen über die Geologie der Schweiz ist das Resultat von über zweihundert Jahren Forschung, das Gemeinschaftswerk vieler Hunderter von Geologen, von denen jeder auf den Erkenntnissen seiner Vorgänger aufbauen konnte.

Die Pioniere

Es waren Gelehrte, die ihre Angst vor dem Gebirge aus Wissensdurst überwanden. Sie entdeckten Mineralien, Gesteine und Versteinerungen, machten viele oft richtige und wichtige Beobachtungen, waren aber begreiflicherweise ausserstande, sie in einen grösseren Zusammenhang zu stellen. So beschrieb Felix Hemerli 1452 erstmals Falten in den Alpen; Conrad Gessner (1516–1569) veröffentlichte Tafeln von Versteinerungen. Bei einer Besteigung des Pilatus wunderte er sich, weshalb die Berge nicht unter ihrem eigenen Gewicht versinken. Johann Jakob Scheuchzer (1672–1733) war überzeugt, dass die von ihm gefundenen Versteinerungen Reste einstiger, in der Sintflut ertrunkener Lebewesen seien. Gottlieb Sigmund Gruner schloss 1774 aus Versteinerungen, dass das Mittelland einst von einer «allgemeinen helvetischen gesalzenen See» erfüllt war. Hans Conrad Escher von der Linth gab 1796 erstmals eine geognostische Übersicht der Schweizer Alpen, ebenfalls der deutsche Arzt J.G. Ebel in seinem Werk «Bau der Erde in dem Alpengebirge». Beide beschrieben die auffällige Gliederung der Alpen in eine kristalline Zentralzone und in nördlich wie südlich anschliessende randliche Sedimentzonen. Der Genfer Horace Bénédict de Saussure (1740–1799), ein unerschrockener Bergsteiger, der als einer der ersten den Mont Blanc erstieg, legte eine Fülle von Beobachtungen in seinem achtbändigen Werk «Voyages dans les Alpes» nieder. Aber auch ihm gelang keine Synthese, und er schrieb am Schluss resigniert: «Es gibt in den Alpen nichts Beständiges ausser die Mannigfaltigkeit.» Die Schweiz verewigte ihn 1978 – auf einer Banknote.
Auch die Erforschung des Juras und des Mittellandes machte Fortschritte. Chr. Bernoulli entdeckte schon 1811, dass das Gestein der Nagelfluhgerölle in den Alpen nicht vorkommt. Jul. Thurmann (1804–1855) und Amanz Gressly (1814–1865) untersuchten die Schichtfolge und den Bau des Juragebirges. Basierend auf Beob-

achtungen von Bauern und Jägern entwickelten Ignaz Venetz, Jean de Charpentier und Louis Agassiz die Eiszeittheorie.
Die beiden dominierenden Geologen des 19. Jahrhunderts aber waren Bernhard Studer in Bern und Arnold Escher von der Linth in Zürich. Beide sammelten auf ausgedehnten Reisen sehr viel Beobachtungsmaterial. Studer war der Publizist, der neben anderen grundlegenden Werken 1851–1853 eine erste, zweibändige «Geologie der Schweiz» veröffentlichte. Escher hingegen legte seine der Zeit oft vorgreifenden Ergebnisse in 12 Tagebüchern nieder, die erst viel später gedruckt wurden. Escher und Studer publizierten 1853 gemeinsam die erste geologische Karte der Schweiz. 1872 übernahm der 23jährige Albert Heim (1849–1937) die Nachfolge Eschers an der Zürcher Hochschule. Er blieb bis zu seinem Tode der unbestrittene Meister der Schweizer Geologie.

Eine Erklärung des Alpenbaues: die Deckentheorie

Die Arbeiten der letzten Jahrzehnte des 19. Jahrhunderts erbrachten immer genauere Kenntnisse der Gesteine und der Schichtreihen der Alpen. Damit rückte der Zeitpunkt für eine Erklärung des Alpenbaues näher, die auch Eduard Suess (1875: «Die Entstehung der Alpen») nicht hatte geben können. 1894 deutete der Franzose Marcel Bertrand den Glarner Verrucano als eine einzige, weit von Süden her überschobene Masse, als Decke. Der Durchbruch dieser kühnen Idee erfolgte zuerst in der Westschweiz: 1890/1893 deutete Hans Schardt die Stockhornkette als wurzellose Klippe, und 1894 zeichnete er das erste, ganz auf der Deckentheorie beruhende Alpenprofil. Lugeon beschrieb 1903 im Wildhorngebiet vier mächtige übereinanderliegende Decken («nappes de recouvrement»). Die ostalpinen Schubmassen der Gebirge Ostbündens wurden 1904 vom Franzosen Termier erkannt. 1898–1906 wurde der Simplontunnel gebaut. Nachdem Gerlach bereits 1869 die Antigorio-Deckfalte entdeckt hatte, leiteten jetzt Schardt, Schmidt und Preiswerk aus den Tunnelbefunden den penninischen Dekkenbau des ganzen Simplongebietes ab. Basierend auf seinen Untersuchungen im südlichen Wallis veröffentlichte Emile Argand 1911 und 1916 seine tektonische Karte der Westalpen und eine geniale, weit über seine Zeit hinausreichende Synthese des Alpenbaues. Den Deckenbau Graubündens untersuchte Rudolf Staub (1890–1961).
Die «Geologie der Schweiz» von Albert Heim brachte 1921 auf fast 1700 Seiten eine in ihrer Geschlossenheit bis heute unerreichte Übersicht. Darin wird auch die Deckentheorie akzeptiert, der Heim lange skeptisch gegenübergestanden hatte. Der grossen Synthese folgte eine Zeit erneuter, detaillierter Untersuchungen, von denen zum Beispiel die Fülle der Angaben im «Geologischen Führer der

Schweiz» 1934 zeugt. Neue Wissenszweige und Untersuchungsmethoden entwickelten sich, was den Geologen zusehends zur Spezialisierung zwang.

Die heutige Forschung und ihre Hilfsmittel

Die moderne Technik liefert als Arbeitsunterlagen immer mehr Daten: Resultate von Tiefbohrungen, Satellitenbilder, Messungen der Erdbeben-Wellengeschwindigkeiten (Seismik), der Gesteinsdichten des Untergrundes, des Wärmehaushaltes der Erde, des Erdmagnetismus und der Radioaktivität. Radiometrische Altersbestimmungen gestatten die Datierung geologischer Ereignisse, und mit Hilfe der experimentellen Gesteinskunde kann man die Vorgänge in den Tiefen der Erde nachvollziehen. Die chemische Analyse von Gesteinen und Mineralien, schon immer ein wichtiges Hilfsmittel, wird durch moderne Geräte immer präziser; mit der Elektronen-Mikrosonde können einzelne Mineralkörner analysiert werden. Der Gebirgsbau der Alpen und des Juras und die Vorgänge bei seiner Entstehung werden durch detaillierte Untersuchung von Falten, Decken, Brüchen, Klüften, Schieferung und Deformation immer besser verständlich. Enorm verfeinerte Untersuchung des Alters, der Schichtfolge und der Ausbildung («Fazies») der alpinen Sedimentgesteine erlaubt die Rekonstruktion des Meeresbeckens, aus dem die Alpen entstanden sind. Von allergrösster Bedeutung sind dabei die Resultate der Erkundung der heutigen Ozeane und die daraus abgeleitete Plattentheorie.
Die geologische Forschung in der Schweiz wird vorab getragen von den erdwissenschaftlichen Instituten der Universitäten Basel, Bern, Freiburg, Genf, Lausanne und Neuenburg und der Eidgenössischen technischen Hochschulen Lausanne und Zürich. Neben den Beiträgen an die Hochschulen finanziert der Bund über den «Nationalfonds für die Förderung der Wissenschaften» auch erdwissenschaftliche Projekte, in den letzten Jahren insbesondere über die Nationalen Programme «Rohstoffe» und «Tiefenstruktur der Schweiz». Die Organisation der geologischen Landeskartierung ist im Abschnitt 15 beschrieben.
Viele Informationen über den Untergrund der Schweiz verdanken wir privaten oder staatlichen Grossbauprojekten, zum Beispiel die Tunnelbauten für Bahn und Strasse (Lötschberg, Simplon, Gotthard, Furka) und die grossen Kraftwerkbauten, aber auch die Tiefbohrungen auf Erdöl und Erdgas. Gegenwärtig erbringen die Untersuchungen der NAGRA, der nationalen Genossenschaft für die Lagerung radioaktiver Abfälle, eine Fülle wissenschaftlich bedeutsamer Informationen, einerseits über den Untergrund der Nordschweiz, anderseits über allgemeine Eigenschaften von Gesteinen.

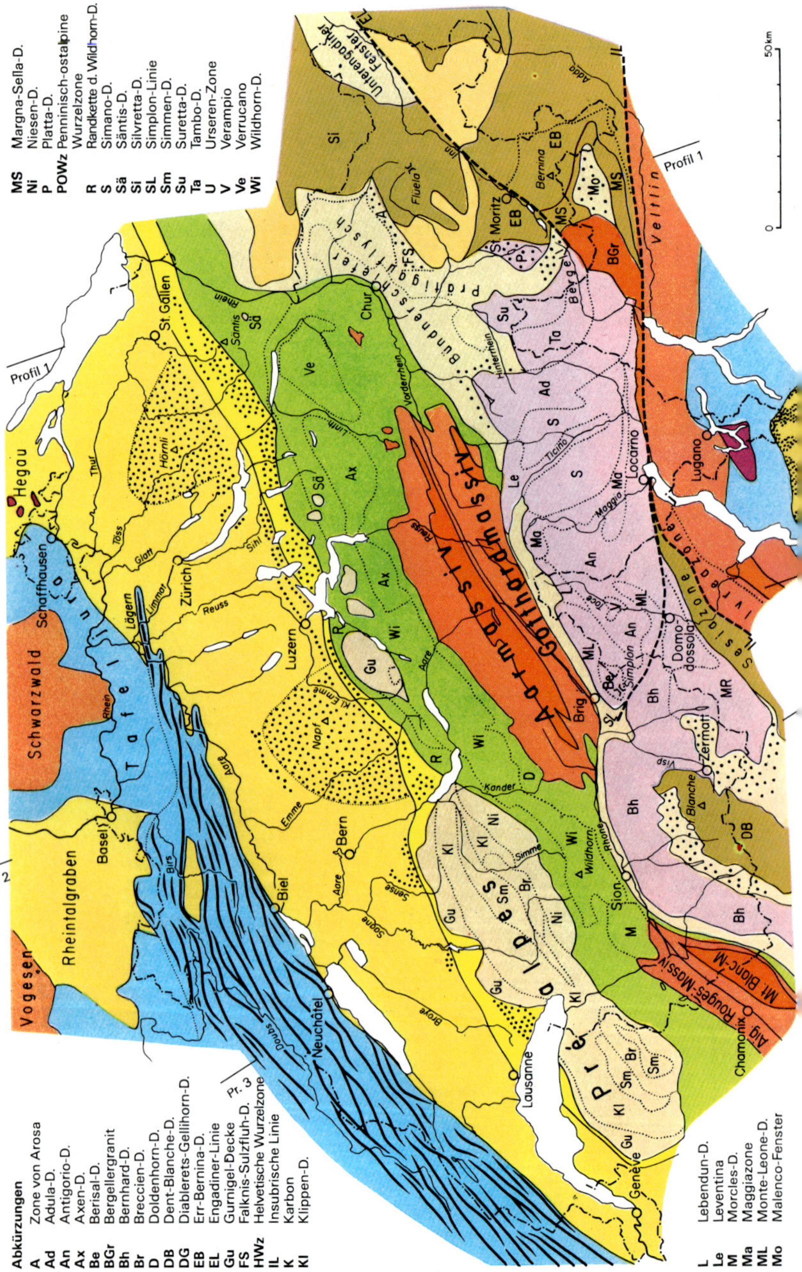

Abkürzungen

A Zone von Arosa
Ad Adula-D.
An Antigorio-D.
Ax Axen-D.
Be Berisal-D.
BGr Bergellergranit
Bh Bernhard-D.
Br Breccien-D.
D Doldenhorn-D.
DB Dent-Blanche-D.
DG Diablerets-Gellihorn-D.
EB Err-Bernina-D.
EL Engadiner-Linie
Gu Gurnigel-Decke
FS Falknis-Sulzfluh-D.
HWz Helvetische Wurzelzone
IL Insubrische Linie
K Karbon
Kl Klippen-D.
L Lebendun-D.
Le Leventina
M Morcles-D.
Ma Maggiazone
ML Monte-Leone-D.
Mo Malenco-Fenster
MS Margna-Sella-D.
Ni Niesen-D.
P Platta-D.
POWz Penninisch-ostalpine Wurzelzone
R Randkette d. Wildhorn-D.
S Simano-D.
Sä Säntis-D.
Si Silvretta-D.
SL Simplon-Linie
Sm Simmen-D.
Su Suretta-D.
Ta Tambo-D.
U Urseren-Zone
V Verampio
Ve Verrucano
Wi Wildhorn-D.

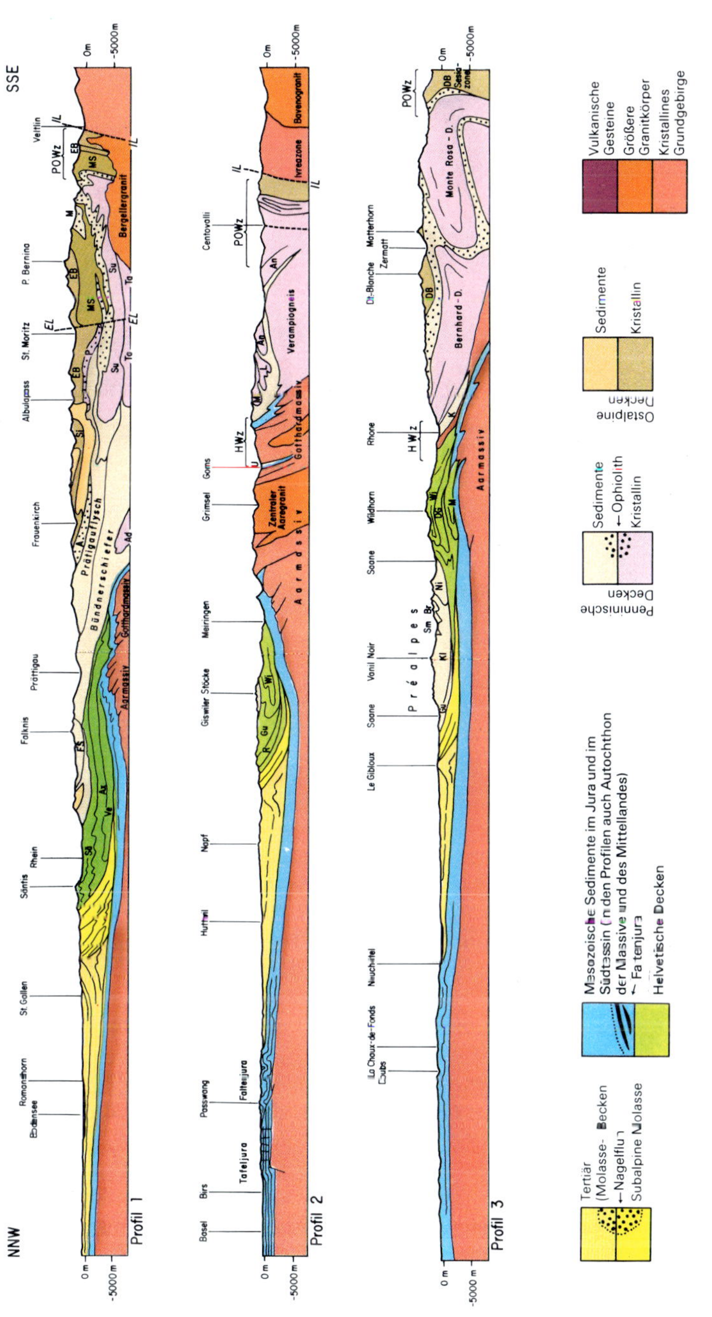

Abb. 2
Geologisch-tektonische Karte der Schweiz mit drei Querprofilen.

3. Die geologischen Einheiten der Schweiz

Die Beschreibung der geologischen Verhältnisse der Schweiz auf den nächsten hundert Seiten geht von der offensichtlichen geologisch/geographischen Dreiteilung der Schweiz in *Mittelland, Jura* und *Alpen* aus. Im Abschnitt «Alpen» erfolgt eine Unterteilung nach den grossen Baueinheiten (s. Inhaltsverzeichnis). Als Übersicht über diese räumlichen Verhältnisse soll die Geologische Karte mit den drei Querprofilen dienen *(Abb. 2,* S. 14/15).
Auch wenn wir vom *Räumlichen* ausgehen, so wird es unumgänglich, dass immer wieder von *Zeitlichem* die Rede sein wird, von bestimmten Epochen (z. B. «Perm» oder «Mesozoikum»), von zeitlichen Abläufen oder von effektiven Altern. Als wichtige Hilfe, die im Zweifelsfall immer wieder konsultiert werden soll, dient dabei die Tabelle 8 (S. 200/201). Es sei hier darauf aufmerksam gemacht, dass im Abschnitt 9 die Entstehung (die Erdgeschichte) der Schweiz in chronologischer Abfolge dargestellt wird.

3.1. Das Mittelland

«Mittelland» ist die anschauliche geographische Bezeichnung für das flache und hügelige Gebiet zwischen Jura und Alpen. Es ist eine Beckenzone von etwa 300 km Länge und von West nach Ost von 40 auf 70 km zunehmender Breite. Auf französischem Gebiet verengt es sich zusehends und endet nördlich von Chambéry beim Zusammenschluss von Jura und Alpen. Gegen Osten setzt es sich – unter Verbreiterung bis auf 140 km – ins süddeutsche und österreichische Alpenvorland fort. Das Mittelland ist die weiträumigste Landschaft der Schweiz, mit der grössten Bevölkerungsdichte, mit einem engen Strassen- und Eisenbahnnetz und mit genügend Platz für Industrie und Landwirtschaft.

3.1.1. Molasse

In seinen Dimensionen entspricht das Mittelland dem zentralen Teil des Molassebeckens, in dem sich bei der Alpenfaltung im Tertiär während einer Zeitspanne von rund 30 Millionen Jahren der Abtragungsschutt des werdenden Gebirges gesammelt hat.
Durch die Befunde von gegen dreissig Tiefbohrungen auf Erdöl und Erdgas sind wir über den Untergrund des Mittellandes recht

Molasse
Als Molasse bezeichnete man ursprünglich in der Westschweiz Sandsteine, aus denen man Mühlsteine herstellen konnte. Später wurde der Name auf alle Gesteine des Mittellandes ausgedehnt. Heute wird der Begriff weltweit für Ablagerungen im Vorland eines sich faltenden Gebirges verwendet.

gut orientiert *(Abb. 3)*. Im Prinzip besteht er aus einer mehrere Kilometer dicken Schicht flachgelagerter Sedimente auf einer weitgeschwungenen, schüsselförmigen Unterlage kristallinen Grund-

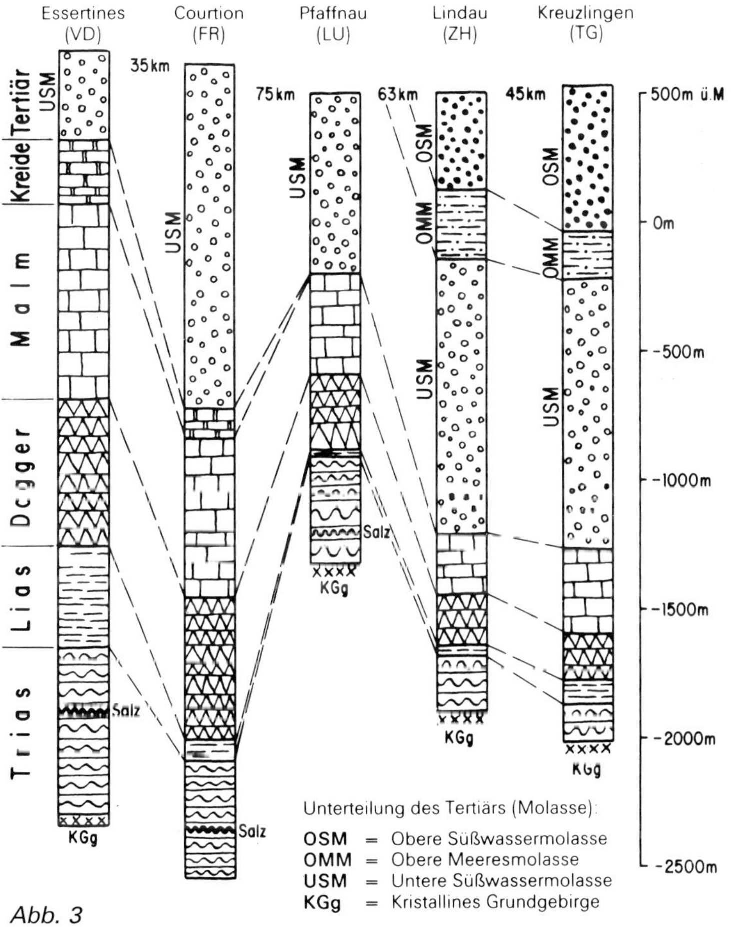

Abb. 3
Schichtfolge von fünf Erdöltiefbohrungen im schweizerischen Mittelland.

gebirges. Dieses *Grundgebirge* wurde an einigen Stellen erbohrt. Es entspricht demjenigen des Schwarzwalds und der Zentralmassive, wo es an den Schüsselrändern an die Erdoberfläche kommt: Es besteht überwiegend aus kristallinen Gesteinen wie Gneis und Granit, in die lokal trogförmige Mulden von karbonischen und permischen Sedimenten eingefaltet sind (S. 52). Über dem Grundgebirge liegt eine Schichtfolge von Kalkstein, Mergel, Ton, Anhydrit und Steinsalz. Diese Gesteine haben bei aller Vielfalt eines gemeinsam: Sie sind in einem tropischen, untiefen Meeresbecken abgelagert worden, welches, wie wir später sehen werden, dem Nordrand des Urmittelmeers, der Tethys, entspricht.
Die gefundenen Versteinerungen zeigen an, dass sie im Mesozoikum, im über 150 Millionen Jahre dauernden Zeitraum zwischen der Trias und der Kreide, entstanden sind. Ihre Schichtdicke nimmt von Westen nach Osten von 2,5 km auf 0,8 km sehr deutlich ab. Auch diese mesozoische Schichtreihe erscheint – allerdings mehr oder weniger stark verfaltet – an den Beckenrändern im Jura und in den Alpen an der Erdoberfläche. Über das Mesozoikum legen sich in kilometerdicker Schicht die völlig andersartigen Molassegesteine. Als Konglomerate (Nagelfluh), Sandsteine, Tone und Mergel sind es Trümmersedimente, Abtragungsprodukte der Alpen im Tertiär. In die jüngsten Schichten der Molasse ist das Relief des Mittellandes eingeschnitten. Der Fels tritt aber in der Regel nur an den Hügeln oder in tiefen Bach- und Flussläufen zutage. Auf weite Strecken ist er überdeckt von einer dünnen Schicht Lockergestein, vorwiegend Moräne und Schotter, die Zeugen eiszeitlicher Vergletscherungen sind. Diese Oberflächenschichten, deren Dicke zwischen einigen wenigen und einigen hundert Metern schwankt, sind von grosser praktischer Bedeutung: Es ist der oft heikle Baugrund, in den wir unsere Häuser, Strassen und Kanäle bauen, es ist der Boden, den wir bepflanzen, und es sind die Schotter, in denen das kostbare und unersetzliche Grundwasser fliesst.

Die Molasse und ihre Entstehungsgeschichte. Betrachtet man die Molassegesteine im Mittelland als Ganzes, so fällt einem die sehr unterschiedliche Schichtdicke auf: Von maximal 5 bis 6 km am Alpenrand nimmt sie gegen Norden auf einige hundert Meter ab (s. Profile *Abb. 2)*. Ebenso auffällig ist die damit verbundene Abnahme der Korngrösse in ein und derselben Schicht: von Konglomeraten (Nagelfluh) am Alpenrand zu Sandsteinen im mittleren Teil des Beckens zu vorwiegend tonigen und mergeligen Schichten am Nordrand des Beckens. Die Erklärung ist für beide Erscheinungen dieselbe: Der Abtragungsschutt stammt von Sü-

Abb. 4 ▶
Wechsellagerung von Nagelfluh, Sandstein und Mergel in der alpennahen Oberen Süsswassermolasse bei Wolhusen LU.

den, aus dem Alpengebiet. Mächtige Flüsse haben ihr gröbstes Geröll auf Schuttkegeln oder in Deltas an Meeresmündungen, nahe beim Austritt aus den Alpen, liegen lassen. Im Kartenbild lassen viele Nagelfluhregionen heute noch die ursprüngliche Form der Schuttfächer und Deltas erkennen, und man spricht denn auch von Nagelfluhfächern oder Nagelfluhdeltas («Hörnlifächer», «Napfdelta», s. *Abb. 2)*. Nur feineres Material – Sand und Ton – wurde von Flüssen oder Meeresströmungen weiter nach Norden verfrachtet und abgelagert. Vor allem die Sandsteine zeigen oft deutlich die für Ablagerung in Flüssen, Deltas und untiefem Wasser charakteristische Schräg- oder Kreuzschichtung.

Abb. 5
Schrägschichtung im Sandstein der Oberen Meeresmolasse. Bildhöhe ca. 5 m. Senseschlucht BE.

Meeres- und Süsswassermolasse. Schon früh haben die Geologen erkannt, dass innerhalb des Molasse-Schichtstapels Meeres- und Festlandablagerungen abwechslungsweise auftreten. Offensichtlich kam es durch Hebungen und Senkungen im Molassetrog zum zweimaligen Vordringen und Zurückweichen des Meeres. Die entsprechenden Ablagerungen bezeichnet man von alters her als Meeresmolasse und Süsswassermolasse, und zwar je nach Alter als untere bzw. obere. Die Meeresmolasse ist charakterisiert durch recht mächtige Schichten gutgebankter Sandsteine, Tone und Mergel mit Versteinerungen von Meerestieren: Schnecken, Muscheln, Haifischzähne, *Abb. 12/3 (S. 28) und 87/4 (S. 151)*. Süsswassermolasse enthält gröbere und feinere Sandsteine, rote Mergel und Tone mit Versteinerungen von Festlandsäugetieren und Überreste einer subtropischen Vegetation wie Blätter von Palmen oder Zimtbäumen *(Abb. 87/3)*. Der Begriff Süsswassermolasse darf also nicht zu wörtlich genommen werden, er bedeutet eher Festlandmolasse.

Konglomerate, im Mittelland seit jeher **Nagelfluh** genannt, sind für die Geschichte der Molasse von ganz besonderer Bedeutung.

Eine Nagelfluhschicht enthält eine faszinierende Kollektion von Geröllen verschiedenartigster Gesteine, die man am Alpennordrand heute nicht finden kann *(Abb. 12/1 und /2)*. Sie entstammen

Abb. 6
Nagelfluhschichten mit kopfgrossen Geröllen. Schwanden BE.

eben höheren, im Tertiär abgetragenen Baueinheiten der Alpen, die viele Kilometer über den heutigen Gipfeln gelegen sein müssen. In den Geröllen der Nagelfluh sind also wichtige Informationen über längst abgetragene Schichten der Alpen gespeichert, und zwar nicht nur über ihre Zusammensetzung, sondern auch über den Zeitpunkt der Abtragung. In ihrer sich stetig verändernden Zusammensetzung spiegeln die Nagelfluhschichten den Verlauf der alpinen Faltung und Abtragung wider (s. Tab. 1 und S. 157).

Zum Abschluss soll die Entstehungsgeschichte der Molasse, wie sie sich durch die Untersuchung der Schichtfolge rekonstruieren lässt, kurz beschrieben werden. Tabelle 1 und *Abb. 9* sollen dabei als Zusammenfassung und Überblick dienen.
Zu Beginn des Tertiärs (im *Paläozän* und *Eozän)* ist das Gebiet des Mittellandes (und des zukünftigen, noch ungefalteten Juras) ein verkarstetes Kalkplateau mit südwärts gerichteter Entwässerung.

Untere Meeresmolasse *(UMM).* Durch allmähliche Absenkung bildet sich ein schmales, langgezogenes, untiefes Binnenmeer, das im Osten bis zu den Karpaten reicht und gegen Süden mit den Flyschmeeresbecken (s. S. 157) im Alpenraum Verbindung hat. Abgelagert werden feinkörnige Sande, Ton und Mergel. Noch gibt es keine Nagelfluhfächer: Die Heraushebung der alpinen Decken am Alpennordrand hat noch nicht eingesetzt.

Untere Süsswassermolasse *(USM).* Hebungen im Vorlandbekken, kombiniert mit einer weltweiten Meeresspiegelabsenkung, bringen das Meer zum Verschwinden. Aus den jetzt in kräftiger Hebung befindlichen Alpen verfrachten Flüsse viel Abtragungsschutt ins Vorland. Aus ihren Schuttfächern am Alpenrand entstehen die ersten Nagelfluhfächer: Mont Pélerin, Thunersee, Rigi-Rossberg und Speer, die beiden letztgenannten über 3000 m mächtig *(Abb. 9a).* Später, im Aquitan, bilden sich infolge Tal- und Flussverlegungen im Alpenraum neue Nagelfluhfächer (der tiefste Teil des später immer wieder reaktivierten Napffächers, ferner Höhrone und Gäbris-Kronberg; *Abb. 9b*).
Erstmals tritt hier «bunte» oder «polygene» Nagelfluh auf, die neben Geröllen aus Sedimenten auch solche kristalliner Gesteine enthält. Ausserhalb der Schuttfächer bildet sich in der Ebene ein verwilderndes Flussnetz aus. In den Rinnen werden Sandsteine

Abb. 7
Wechsellagerung von Sandstein und roten Mergeln und Tonen in der Unteren Süsswassermolasse. Tongrube Rapperswil BE.

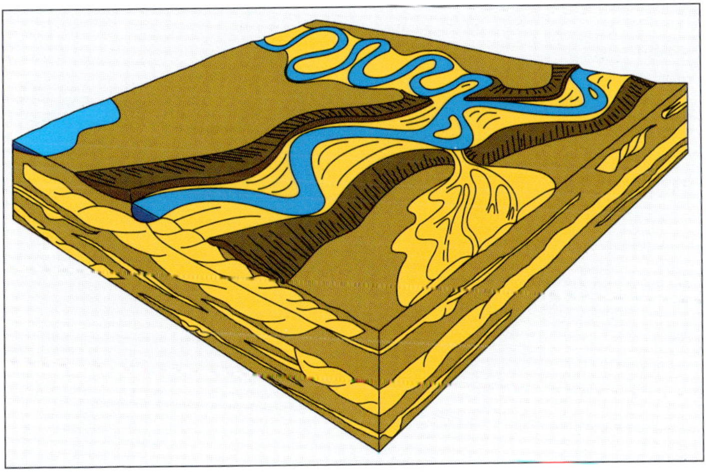

Abb. 8
Sedimentation zur Zeit der Unteren Süsswassermolasse im Vorland. Gelb: Flussablagerungen (sandige Rinnenfüllungen und Durchbruchfächer). Hellbraun: Sedimente der Überschwemmungsebenen (rotgefärbte Sandsteine, Mergel und Tone). Dunkelbraun: Uferwälle.

abgelagert, auf den dazwischenliegenden, vegetationsbestandenen Ebenen bei periodischen Überschwemmungen Mergel und Tone. Die Entwässerung des ganzen Beckens erfolgt Richtung Osten zur Ur-Donau *(Abb. 9b).*

Obere Meeresmolasse *(OMM).* Absenkungen lassen erneut einen schmalen untiefen Meeresarm entstehen, der eine Verbindung zwischen dem Rhonebecken im Westen und demjenigen von Wien im Osten darstellt. Am Alpenrand bilden sich neu die Fächer des Napfs und des Hörnli: Offenbar sind in den Alpen durch die fortlaufende Faltung grundlegende Veränderungen im Flussnetz vor sich gegangen. Im Meeresbecken verfrachten vorerst Strömungen Sande und Tone weit gegen Osten. Im Helvetien bildet sich ein weniger bewegtes Wattenmeer aus, in dem blaugraue Sandsteine und Mergel abgelagert werden (heutige Berner und St. Galler Molasse). Im Gebiet des späteren Juras beginnen sich von den Vogesen her kleine, südgerichtete Nagelfluhfächer aufzubauen. *Abb. 9c.*

Obere Süsswassermolasse *(OMM); Abb. 9d.* Wieder bewirken Hebungen einen Rückzug des Meeres. Am Alpenrand werden Napf- und Hörnlifächer immer mächtiger, dazu kommt neu der Bodenseefächer. Die Entwässerung des Festlandes erfolgt jetzt

Richtung Westen (zur Ur-Rhone). Die bis 1500 m mächtigen Nagelfluhschichten des Hörnlifächers werden im Norden von Sandstein und Mergel abgelöst: Zwischengelagerte Nagelfluhschichten als Zeugen plötzlicher Geröllvorstösse weisen auf die tektonische Unruhe dieses Zeitabschnitts hin.

Zu dieser Zeit herrscht im Gebiet des heutigen Untersees und vor allem im deutschen Hegau während etwa 5 Millionen Jahren aktiver Vulkanismus. In Schloten, welche aus dem Grundgebirge kommend das Mesozoikum durchschlagen, werden Laven und Tuffe gefördert. Lagen von ausgeworfenem Tuff finden sich hier zwischen den Molasseschichten *(Abb. 10)*.

Mit der oberen Süsswassermolasse ist die Sedimentation der Molasse abgeschlossen.

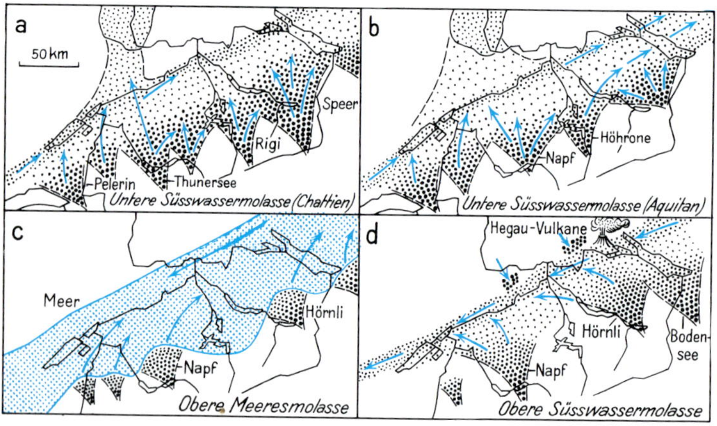

Abb. 9
Nagelfluhfächer und Flusssysteme am Alpennordrand zur Molassezeit. Das schwarz gezeichnete heutige Gewässernetz dient nur zur Orientierung! Nach Bürgisser und Schlanke.

Subalpine und überfahrene Molasse. Der nächste Akt in der Geschichte des Molassebeckens ist tektonischer Natur. Durch einen letzten Vorschub der helvetischen Decken werden die Molasseablagerungen am Alpenrand um 15–25 km überfahren. Vor und unter der Überschiebungsfront werden die betroffenen Schichten verfaltet oder aber in alpenwärts einfallende Späne – Schuppen – zerlegt; *Abb. 2* und *11*. Diese Zone, *subalpine Molasse* genannt, lässt sich längs des ganzen Alpennordrandes verfolgen *(Abb. 2)*. Ihre Oberflächenformen sind sehr charakteristisch: langgestreckte Höhenzüge, in denen kahle, schiefgestellte Nagelfluhrippen mit bewachsenen Mergellagen abwechseln. Besonders ausgeprägt

Abb. 10
Verfestigter vulkanischer Tuff aus dem Hegau. Unter den Auswurfprodukten sind erkennbar ***kugelige Lapilli*** *aus vulkanischem Gestein (Phonolith), eckige* ***Bruchstücke kristalliner Gesteine*** *aus dem Grundgebirge (helle Granite und dunkle Gneise) und eckige, beige bis graue* ***Kalksteine aus dem Mesozoikum****. Die gelbliche Zwischenmasse besteht aus* ***vulkanischer Asche****. Gesteinsoberfläche poliert.*
Bildbreite ca. 20 cm.

ist diese Rippenlandschaft im Entlebuch *(Abb. 11)* und in einem schmalen Streifen Rigi–Rossberg–Höhronen / Einsiedeln-Rapperswil / Eschenbach / Speer–Wattwil / Ebnat–Urnäsch–Teufen–Trogen–Unteres St. Galler Rheintal. Die Molasseschichten des Mittellandes ausserhalb der subalpinen Zone wurden bei diesem Vorgang nur ganz schwach gefaltet. Die flachen Aufwölbungen mit ihren oft nur um wenige Grad schiefgestellten Schichten sind praktisch nur für den Geologen erkennbar.
Durch denselben letzten Faltungsvorgang wird die ganze Sedimentplatte des Mittellandes – Mesozoikum und Molasse – um einige zehn Kilometer nach Nordwesten geschoben; dies führt dort, wo die Molassesedimente ausdünnen, zur Auffaltung des Juras. Jetzt erst wird das Molassebecken wirklich zum «Mittelland».
Im westlichen Teil des Mittellandes setzt nun eine starke Hebung

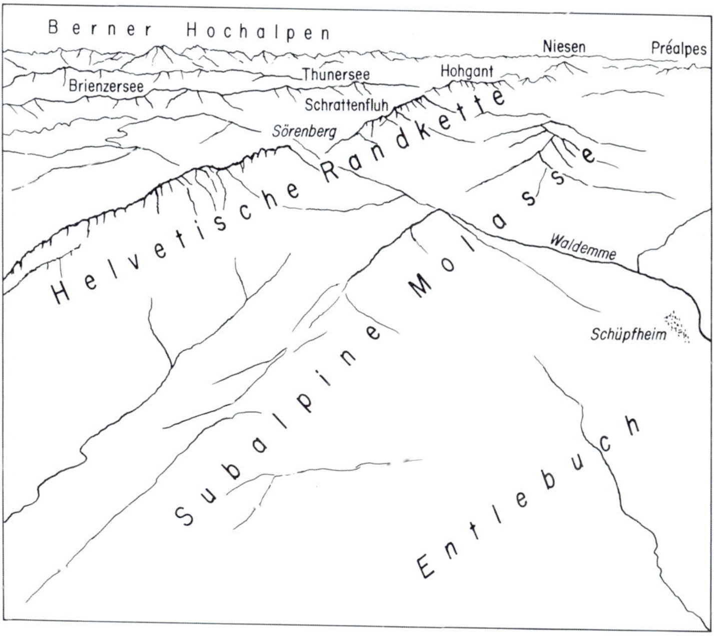

Abb. 11
Der Alpennordrand im Entlebuch und oberen Emmental (LU/BE). Von Südosten (links) her sind die helvetischen Decken auf die Molasse aufgefahren. Die Randkette der Wildhorndecke und die subalpine, schiefgestellte Molasse treten als markante, alpenwärts einfallende Rippen hervor. Am Horizont die Berner Hochalpen (Aarmassiv), die helvetischen Decken und – rechts, im Dunst – Niesendecke und Préalpes.

ein, welche nach und nach die Abtragung von zirka 2000 m der jüngeren Molassegesteine zur Folge hat. Dies ist auch der Grund, weshalb im Mittelland heute von Osten nach Westen immer ältere Molasseschichten an der Oberfläche erscheinen, nämlich in der Ostschweiz die OSM, im südlichen Bernbiet und im Kanton Freiburg die OMM und weiter nordwestlich und westlich die USM (*Abb. 3*). Noch einmal ändert die Entwässerungsrichtung auf Osten (erst zu Beginn des Quartärs schafft der Rhein den Durchbruch gegen Nordwesten). Eine starke Durchtalung durch die Flüsse zeichnet bereits die Vorstosswege der zukünftigen Gletscher vor. Eine allmähliche Temperaturabnahme kündigt die kommenden Eiszeiten an.

Klassische Unterteilung	**Alter in Mio. J.**	**Internationale Unterteilung**			**Wichtigste Nagelfluhfächer (von Ost nach West) vgl. Abb. 9**	**Alpines Liefergebiet der Gerölle**
Obere Süsswassermolasse	5 10 15	Miozän	Tortonien Serravallien Langhien	«Tortonien»	Bodensee-Pfänder Hörnli Napf (ob. Teil)	Penninische Decken
Obere Meeresmolasse	16.3	Miozän	oberer Teil: «Helvetien» Burdigalien		Hörnli Napf (mittl. Teil)	Helvetische D. Hohe penninische Decken (m. Ophiolithen)
Untere Süsswassermolasse	22.5	Miozän	Aquitanien		Gäbris-Kronberg Höhrone Napf (unt. Teil)	Ostalpine Kristallindecken (Err-Bernina)
Untere Süsswassermolasse	24	Oligozän	Chattien	Stampien	Speer Rigi Thunersee Pélerin	Ostalpine Sedimentdecken Simmendecke
Untere Meeresmolasse	30 36	Oligozän	Rupélien	Stampien	keine Nagelfluhfächer	

Tabelle 1
Die Schichtfolge der Molasse, mit den wichtigsten Nagelfluhfächern und ihren Geröllen. In Anführungszeichen international nicht mehr anerkannte, jedoch in der schweizerischen Literatur verbreitete Altersstufenbezeichnungen («Helvetien»; «Tortonien» für die gesamte Obere Süsswassermolasse).

◀ *Abb. 12*
Sedimentgesteine des Mittellandes.
1 (ol): Kristallinführende, «bunte» Nagelfluh.
2 (or): Kalknagelfluh.
3 (ul): Sandstein mit Muscheln.
4 (ur): Kies aus Glazialschottern.

◀ *Abb. 13*
Grundmoränenlandschaft im Mittelland mit Drumlin (Hintergrund) und Seebecken. Amsoldingen BE.

3.1.2. Eiszeitliche Vergletscherungen

Auf Schritt und Tritt stossen wir im Mittelland auf Spuren einstiger Gletscher, vor allem dort, wo die dünne Vegetations- und Bodenschicht durch natürliche Vorgänge oder durch menschliche Aktivität angeritzt wurde.
So sind weite Gebiete, meist solche ausserhalb der Talsohlen, von einer zusammenhängenden, ein bis zehn Meter dicken ***Grundmoränenschicht*** überzogen. Das ist eine wasserundurchlässige Ablagerung, die sich zwischen Gletschereis und Untergrund bildet und die in feinstzermahlenem Gesteinsmehl gerundete, geschrammte Gesteinsbrocken (gekritzte Geschiebe) enthält *(Abb. 17)*. In gewissen Regionen treten massenhaft 5 bis 20 m hohe, schildförmige Hügel mit elliptischem Grundriss auf, sogenannte *Drumlins*. Sie bilden sich ebenfalls unter dem Gletscher und bestehen aus Grundmoräne, gelegentlich mit einem Felskern. Wegen ihres schwarmartigen Auftretens bilden sie eigentliche Drumlinlandschaften, besonders typisch etwa zwischen Greifen- und Pfäffikersee, zwischen Reusstal und Baldeggersee, im Bodenseegebiet oder im oberen Gürbetal *(Abb. 13)*.
Alle wichtigen Flusstäler sind (zum Teil bis in Tiefen von mehreren hundert Metern) mit ***Schottern*** aufgefüllt *(Abb. 16)*. Diese Kies- und Sandmassen werden im Vorfeld eines Gletschers von den Gletscherflüssen abgelagert. Ihre typische Schräg- und Kreuzschichtung lässt sich in vielen Kiesgruben beobachten. In den unverfestigten Schottern der Täler fliessen die grossen Grundwasserströme des Mittellandes *(Abb. 16)*. Häufig treten mehrere

Abb. 14 ▶
Die Nordwestschweiz, aufgenommen am 7. Juli 1984 aus 705 km Höhe vom Landerkundungssatelliten Landsat-5. Gut zur Geltung kommt der Charakter des ***Mittellandes*** *zwischen dem scharf ausgeprägten Südostrand des Juragebirges und den Alpen. Die Alpenrandseen – Genfersee, Thuner-/Brienzersee, Vierwaldstättersee – markieren die Stellen, wo die Gletscher ins Mittelland ausgetreten sind. Die Eismassen flossen generell nach Nordwesten (Flusstäler, z. B. Aare und Reuss, Becken von Zürichsee, Greifensee, Hallwiler-/Baldeggersee, Sempachersee), wurden aber in der Westschweiz am Jurarand nach Nordosten abgelenkt (Neuenburger-, Bieler- und Murtensee, Aaretal zwischen Biel und Wildegg). Die eisgeschliffenen und zumeist von Grundmoränen bedeckten Hochflächen und Hügel treten dunkelgrün oder hellgrün hervor (Wälder und Kulturen). Folgende geologische Einheiten sind gut erkennbar:* ***Préalpes, helvetische Randkette*** *zwischen Thuner- und Vierwaldstättersee,* ***Faltenjura,*** *im Osten ausklingend,* ***Schwarzwald*** *und* ***Rheintalgraben.***

Schotterterrassen gleichzeitig auf, die dann offensichtlich verschiedenen Gletschervorstössen oder -rückzügen angehören. Die jüngeren Schotter sind dabei in die älteren eingeschnitten *(Abb. 19,* S. 38).
An den Hängen und auf den Kuppen vieler Hügel trifft man guterhaltene ***Wallmoränen*** an, wie wir sie von den heutigen Gletschern her kennen. Sie entstehen vor allem in den Stillstands- und Rückzugsphasen eines Gletschers durch Anhäufung von Moräne an den Seiten ***(Seitenmoränen)*** und an der Stirn als bogenförmig geschlossene ***Endmoränen.*** Besonders schöne Endmoränenlandschaften der jüngsten Vereisung treten zwischen Reusstal und Bodensee auf. Hier lassen sich auch hintereinandergestaffelte End- und Seitenmoränenkränze der Rückzugsstadien studieren. Die Moränenwälle bestehen aus ungleich grobem, meist undeutlich geschichtetem Gesteinsschutt. Oft enthalten sie grosse Blöcke, die man wegen ihres so augenscheinlich ortsfremden Gesteins ***Findlinge, Erratiker*** oder ***erratische Blöcke*** nennt. Kennt man die alpinen Gesteine, so lassen sie sich allerdings ohne weiteres beheimaten. Solche, die nur aus dem Einzugsgebiet eines einzigen Gletschers stammen können, nennt man *Leitgesteine (Abb. 15).*

Gletscher	*Beispiele von Leitgesteinen*
Rhein	Juliergranit: *Abb. 40/4,* Puntegliasgranit
Linth	Permkonglomerate des Verrucano (roter Ackerstein), Speer-Nagelfluh
Reuss	Windgällenporphyr: *Abb. 41/4* (S. 77)
Aare	Grimselgranit, Gasterngranit
Rhone	Allalin-Gabbro (Saas-Fee), Mont Blanc-Granit, Vallorcine-Konglomerat: *Abb. 41/2* (S. 77), *40/2* (S.75), *58/1* (S. 103)

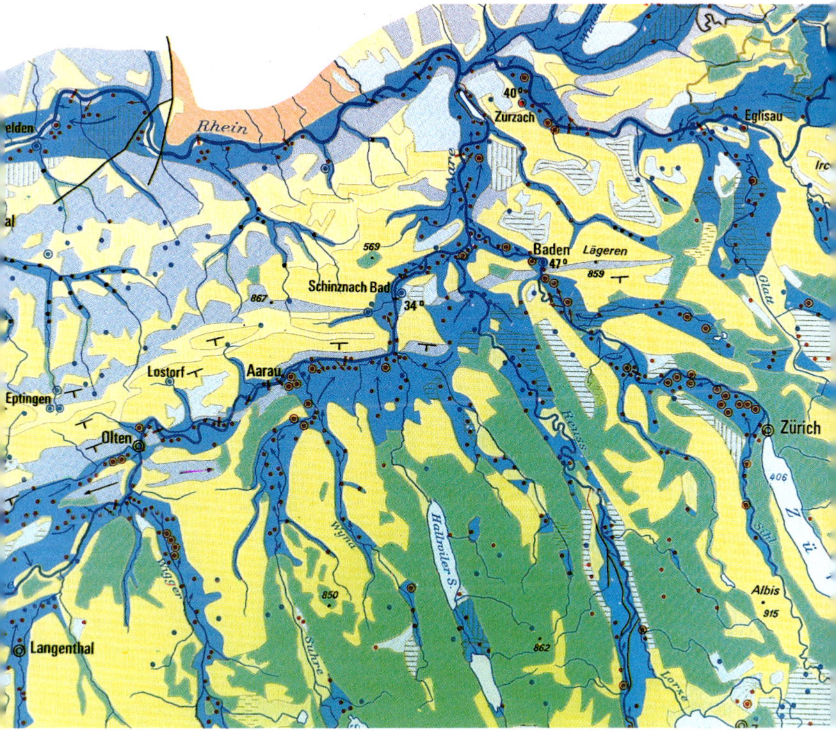

Abb. 16
Ausschnitt aus der Karte «Hydrogeologie» des Atlas der Schweiz.
Bedeutung der wichtigsten Farben: dunkelblau = Schotter der Talsohlen (Niederterrassenschotter, S. 39); grün = Moräne; Gelbtöne = Sandstein, Mergel, Kalk mit Mergellagen; lila = Kalkstein; rötlich = Kristallin des Grundgebirges.
Markiert sind Grundwasserfassungen mit Leistungen bis zu 5000 Minutenliter (roter Punkt) und darüber (rote Kreise) sowie wichtige Quellen (blaue bzw. schwarze Punkte).
Blaue Kreise mit blauen oder roten Punkten weisen auf die hier am Ostende des Juragebirges häufigen Mineralquellen und Thermen hin, beispielsweise Eptingen, Rheinfelden, Lostorf, Schinznach, Baden, Eglisau und Zurzach. Bei den Thermen ist die Wassertemperatur angegeben.
Die Wasserversorgung des Mittellandes basiert auf den ergiebigen Grundwasserströmen der mit unverfestigten Schottern der jüngsten Eiszeit gefüllten Flusstäler!

◂ Abb. 15
Leitgesteine des Rhonegletschers als Findlinge in einer Kiesgrube bei Lyss BE. Links dunkler Eklogit aus den Vispertälern, rechts heller Mont Blanc-Granit.

Nachdem unzählige Erratiker im 17. und 18. Jahrhundert zur Gewinnung von Baustein zerstört worden sind, hat man namentlich in der ersten Hälfte des 20. Jahrhunderts viele der übriggebliebenen unter Naturschutz gestellt. Heute bezieht man Findlingsblöcke bei Bauten oft an Ort und Stelle in die Umgebungsgestaltung ein.

Überreste eiszeitlichen Lebens. Zwischengelagert in Schotter und Moränen finden sich Schichten mit verkohlten Pflanzenresten *(Abb. 17)*. Es sind ehemalige Böden oder Moore, Zeugen wärmerer Zwischeneiszeiten. Die Untersuchung der guterhaltenen Pollen (Pollenanalyse) erlaubte es, die Pflanzengesellschaften und damit die klimatischen Verhältnisse – die zum Teil weitgehend den heutigen entsprechen – zu rekonstruieren. Mit Hilfe der C14-Methode kann das Alter derartiger kohlenstoffreicher Überreste bestimmt werden.
Umgewandelte bewaldete Torfmoore liegen heute als Kohleschichten vor. Sie werden Schieferkohle genannt, weil sie sich beim Erwärmen unter Entwässerung schieferartig aufblähen. Über die Fauna der Eiszeiten geben viele Funde von Überresten arktischer Säugetiere in Kiesgruben und Höhlen Auskunft: Mammut, Ur-Elefant, wollhaariges Nashorn, Elch, Höhlenbär und viele andere. Schliesslich finden sich auch die ersten, wenn auch spärlichen Zeugnisse menschlicher Tätigkeit (vgl. Tab. 5, S. 160).

Gletschererosion. Die Gletscher haben im Mittelland nicht nur Schutt abgelagert, sie haben auch erodiert. Da fallen vorerst die Hügel auf, die, denkt man sich Vegetation und Überbauung weg,

Abb. 17 ▸
Aus der Gesteinsabfolge dieser rund 12 Meter hohen Kiesgrubenwand bei Gossau ZH lässt sich eine bedeutende Gletscher- und Klimaschwankung der späten Würmeiszeit ablesen. Die zum Teil schräg geschichteten Schotter im unteren Wandteil sind von einem Fluss einige Kilometer von der Gletscherstirn entfernt abgelagert worden. In einer anschliessenden Warmzeit hat sich der Gletscher bis an den Alpenrand zurückgezogen. Die aufkommende Vegetation – Hochmoor, Tundra und Kiefern- bzw. Föhrenwald – liegt umgewandelt in Schieferkohle in den schwarzen Bändern vor. C14-Altersbestimmungen ergeben eine Dauer dieser Warmzeit von 26 000 Jahren, von 54 000 bis 28 000 Jahren vor der Gegenwart. Bei einem jüngeren Gletschervorstoss, dem letzten grossen der Eiszeit, sind die Schotter über der Schieferkohle («Vorstoss-Schotter») und die ungeschichtete Grundmoräne darüber abgelagert worden.
Foto Chr. Schlüchter.

den Inselbergen (Nunataker) am Rand des grönländischen Inlandeises gleichen (und auch auf dieselbe Art und Weise entstanden sind). Dann aber haben viele neue Untersuchungen ergeben, dass tief unter unseren flachen, weiten Talböden und Seen ein in Becken, Schwellen und Rinnen gegliederter Felsuntergrund verborgen ist. Er kann nur durch vielfache Wechselwirkung von Eis und Wasser während mehrerer Eis- und Zwischeneiszeiten entstanden sein. Heute ist er mit vielen hundert Metern Schotter, Moränenschutt und Seeablagerungen eingedeckt. So liegt der Felsgrund unter

dem Bodensee, Zürichsee, Zuger- und Thunersee etwa auf Meeresniveau. Noch viel beträchtlicher war die Tiefenerosionskraft der Gletscher am nördlichen und südlichen Alpenrand (s. S. 126). Glaziale Kleinerosionsformen wie Gletscherschliff oder Strudellöcher sind im Mittelland nur ausnahmsweise zu sehen, zum Beispiel im Gletschergarten von Luzern.

Der Ablauf der Eiszeiten. Die Klimaverschlechterung, die sich gegen Ende des Tertiärs ankündigte, führte im Quartär weltweit zu Kalt- bzw. Eiszeiten. Die Durchschnittstemperaturen sanken aus heute noch nicht eindeutig geklärten Ursachen bis zu 10° unter die heutigen. Damit wurde die Schneegrenze stark abgesenkt, und es kam zu einem Vorrücken der Gletscher aus dem Alpenraum ins Mittelland und ins Südtessin und nach Oberitalien. Die lebensfeindlichen Gletschervorstösse hatten Wanderungen von Tieren und Pflanzen zur Folge, die noch heute die Verteilung der Lebensgemeinschaften beeinflussen. Es ist allgemein bekannt, dass die Gletscher mehrfach vorstiessen und sich wieder für längere Zeit bis in die Alpen zurückzogen (die zeitweise weniger vergletschert waren als heute!).
Es gab also einen Wechsel von Eiszeiten und Zwischeneiszeiten im Rhythmus von einigen zehntausend Jahren. Penck und Brückner, die Pioniere der Eiszeitforschung, unterschieden vier (nach Flüssen im deutschen Alpenvorland benannte) Eiszeiten, von der ältesten zur jüngsten *Günz, Mindel, Riss* und *Würm*. Diese klassische Vierteilung ist nach Ansicht vieler Forscher aufgrund neuer Untersuchungen zu schematisch: Einerseits gibt es sicher ältere Vereisungen (Biber- und Donaueiszeit), anderseits erkennt man innerhalb der klassischen Eiszeiten immer mehr kleinere und grössere Vorstösse und Rückzüge, so dass die zeitliche Eingliederung bestimmter Ablagerungen zusehends komplizierter wird. Vgl. dazu Teil «Würmeiszeit» der Tabelle auf Seite 160.

Alte Spuren werden verwischt. Das Hauptproblem bei der Abgrenzung der verschiedenen Eisvorstösse liegt darin, dass jeder jüngere die Spuren des vorangegangenen verwischt oder gar beseitigt, seien es nun Ablagerungen wie Schotter oder Moränen, die ganz oder teilweise weggeräumt und umgelagert werden, oder seien es Erosionsformen wie Täler und Becken, die umgestaltet, vertieft oder aber zugeschüttet werden. So sind die Spuren der älteren Eiszeiten (Günz, Mindel und frühere) lückenhaft und unsicher: In der Nord- und in der Ostschweiz finden sich auf den Hochflächen 100 bis 500 m über den heutigen Talsohlen Reste alter Schotterflächen *(Abb. 19)*. Diese sogenannten Deckenschotter ordnet man der Günz- und Mindeleiszeit zu. Das Mindel-Riss-Interglazial scheint eine sehr lange eisfreie Periode mit einer starken Talbildung und Eintiefung der Flüsse gewesen zu sein. In der Risseiszeit erreichten die Gletscher ihre grösste Ausdehnung.

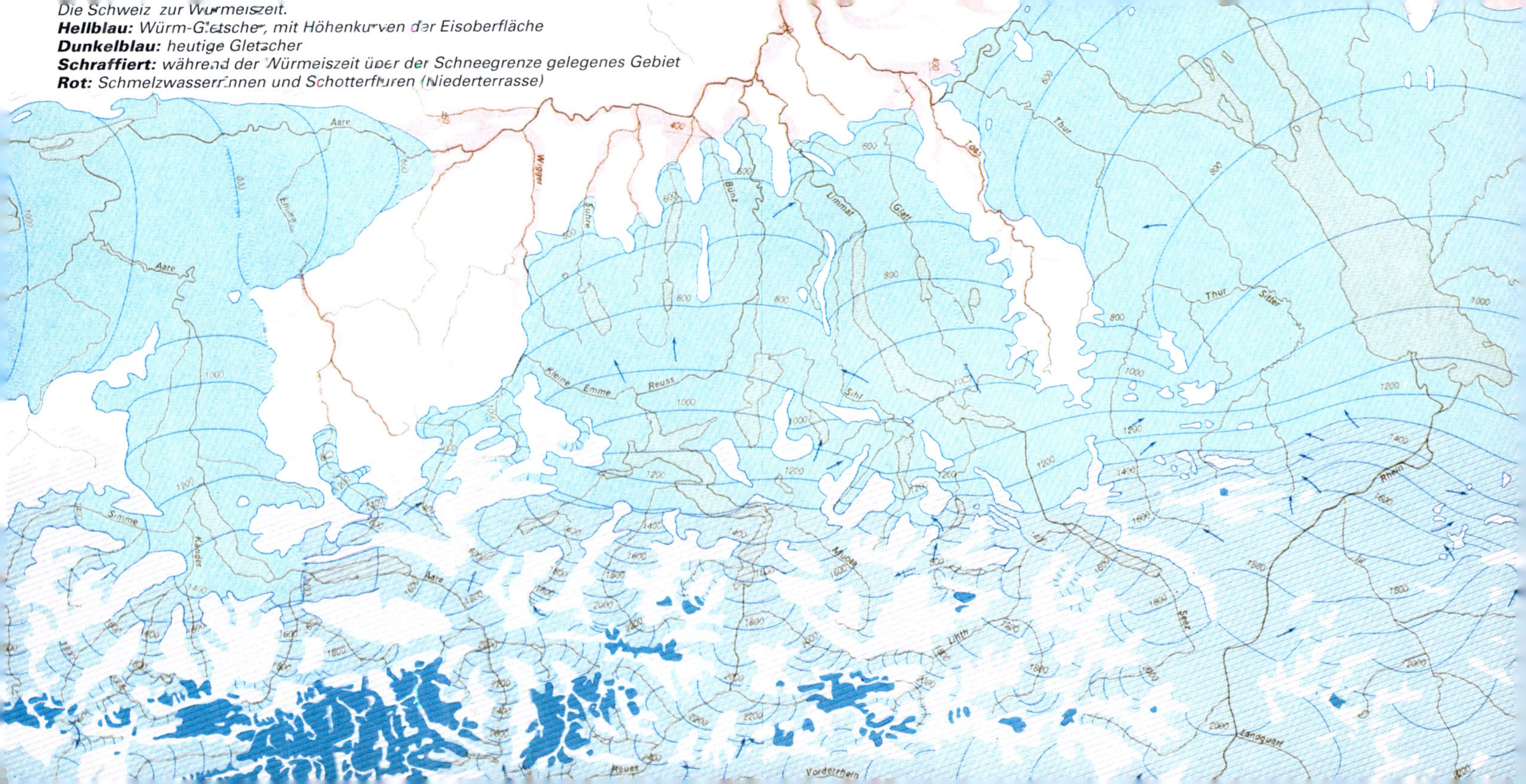

Die Schweiz zur Würmeiszeit.
Hellblau: Würm-Gletscher, mit Höhenkurven der Eisoberfläche
Dunkelblau: heutige Gletscher
Schraffiert: während der Würmeiszeit über der Schneegrenze gelegenes Gebiet
Rot: Schmelzwasserrinnen und Schotterfluren (Niederterrasse)

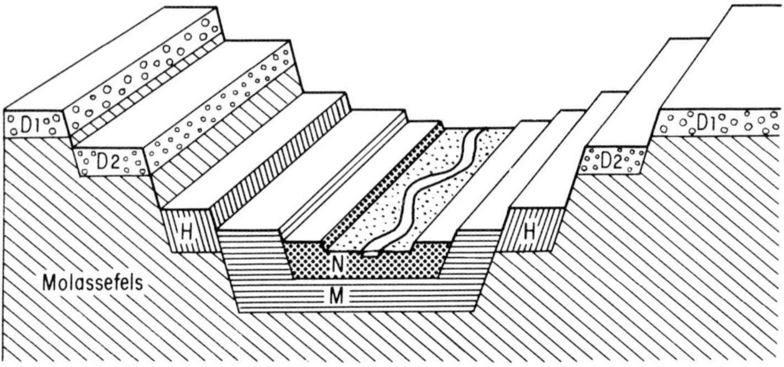

Abb. 19
Schema der glazialen Schotterterrassen der Nordostschweiz. D_1 und D_2 sind die höheren und tieferen Deckenschotter der älteren Eiszeiten, H, M und N die Hoch-, Mittel- und Niederterrassenschotter der jüngeren Eiszeiten (H und M: Riss; N: Würm).

Der Rhonegletscher zum Beispiel bedeckte zu dieser Zeit eine Fläche von rund 25 000 km^2 (heute 17 km^2!). Er teilte sich über dem heutigen Genfersee in zwei Eisströme; der westliche reichte bis Lyon, während der östliche ins Mittelland floss und sich über den Jura bis nach Liestal erstreckte. Der Rheingletscher stiess weit über den späteren Bodensee hinaus. Im Mittelland vereinigte er sich mit dem Rhonegletscher zu einer riesigen Eismasse, deren Obergrenze auf 1200 bis 1400 m über M. lag. Mächtige Schottermassen füllten beim Rückzug der Rissgletscher die tiefen Täler auf (Hoch- und Mittelterrassenschotter der *Abb. 19).*

Die Würmeiszeit. Als jüngste Vereisung (Beginn etwa 115 000 Jahre vor der Gegenwart) hat sie uns die klarsten Spuren hinterlassen. Die Vergletscherung war geringer als zur Risseiszeit. Die Eismassen waren in einzelne Gletscher gegliedert, deren Verlauf bereits klar das heutige Tal- und Seenetz erkennen lässt *(Abb. 18).* Der Rhonegletscher staute sich diesmal am Jura und konnte nur in wenige Täler eindringen (Vallorbe, Val de Travers). Der Aaregletscher hielt sich an die Brienzersee-Thunersee-Furche und an das Aare- und das Gürbetal; bei Bern mündete er in den Rhonegletscher, der seinerseits bis in die Gegend von Wangen an der Aare reichte. Ein Arm des Aaregletschers floss über den Brünig und vereinigte sich mit dem Reussgletscher. Die beiden Eisströme stiessen am Albis mit dem Linthgletscher zusammen, welcher zuvor den Walenseearm des Rheingletschers aufgenommen hatte. So entstand ein grosser zentralschweizerischer Gletscher, dessen Nordfront, vielfach ausgelappt, in den gegen die Aare hin orientierten Molassetälern lag. Der Hauptstrom des Rheingletschers erreichte das Becken des Bodensees. Die Höchststände und viele

Rückzugsstadien der Würmgletscher sind durch End- und Seitenmoränen markiert und gut erkennbar. So lässt sich gut rekonstruieren, dass der Rückzug aus sehr vielen kleineren und grösseren Eisschwankungen zusammengesetzt ist (Stadien, Stadiale und Interstadiale). Ursache sind rhythmische Klima-(Temperatur-) Änderungen, die sich lückenlos bis in die Gegenwart verfolgen lassen. Nachdem das Ende der Würmeiszeit nur etwa 10 000 Jahre zurückliegt, leben wir heute sehr wahrscheinlich in einer Zwischeneiszeit.
Die bei diesem letzten Rückzug abgelagerten Schottermassen bilden, eingeschnitten in die risseiszeitlichen Mittel- und Hochterrassen, die Niederterrassenschotter, die häufig den heutigen Talsohlen entsprechen *(Abb. 16 und 19)*.

Grösster Gletscherkopf im Gletschergarten Luzern, 9,5 m tief, 8 m Durchmesser.

3.2. Das Juragebirge

Zwischen dem Mittelland einerseits und dem Rheintalgraben mit den angrenzenden Grundgebirgsmassiven Schwarzwald und Vogesen anderseits bildet das Juragebirge (oft kurz der Jura genannt) die nordwestliche Begrenzung der Schweiz. Es ist der östlichste Teil eines rund 300 km langen Faltenbündels, das sich bei Chambéry in Frankreich von den Alpen ablöst und als einzelne Falte an der Lägern unter die Molasse abtaucht. Der Jura ist offensichtlich ein Ableger der Alpen, und seine Auffaltung ist mit den letzten Phasen der Alpenfaltung ursächlich verknüpft. Er ist ein Mittelgebirge, dessen höchste Erhebungen zwischen 1600 und 1700 m ü. M. liegen. Der Jura besteht aus sedimentären Gesteinen mesozoischen Alters, über denen in Mulden und Becken etwas Molasse erhalten geblieben ist. Das kristalline Grundgebirge ist von der Faltung nicht erfasst worden. Nach dem Juragebirge ist der mittlere Abschnitt des Mesozoikums – die Juraformation – benannt worden.

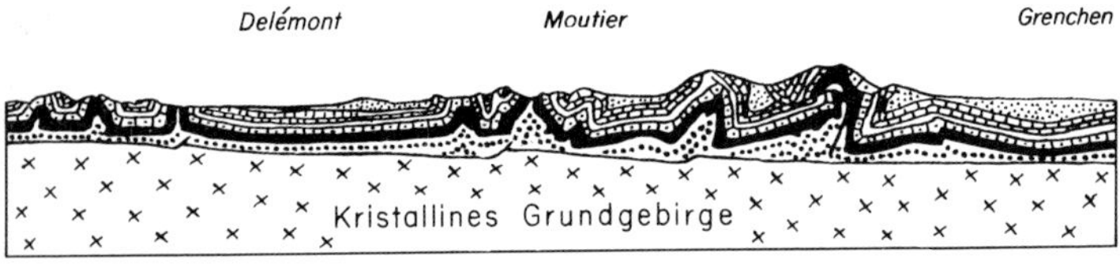

Abb. 20
Das Juragebirge: zusammengeschobene mesozoische Schichten mit Molasserelikten in Mulden (fein gepunktet) über von der Faltung kaum beeinflusstem Grundgebirge.

Guterhaltene mesozoische Schichten. Der Jura ist kein spektakuläres Gebirge, aber seine Landschaft beeindruckt durch die Einfachheit und Grosszügigkeit ihrer Formen, die in hohem Masse vom geologischen Bau abhängig sind. Grosse Bedeutung hat der Jura für die in der Schweizer Geologie so wichtige mesozoische Schichtreihe erlangt, die hier, wenig gestört, hervorragend aufgeschlossen und durch viele Fossilfunde gut unterteilbar ist. Dies im Gegensatz zum Mittelland, wo das Mesozoikum von der Molasse bedeckt ist, oder zu den Alpen, wo es meist auf eine komplizierte Art verfaltet oder gar zusätzlich metamorph verändert ist. Die Überdeckung durch eiszeitliche Ablagerungen ist im Jura minimal. Während der Risseiszeit war das ganze Gebiet von Eis bedeckt, so dass es kaum zu Ablagerungen gekommen ist. In der Würmeiszeit fiel der Jura-Südrand etwa mit der Nordgrenze des mittelländischen Inlandeises zusammen. Nur wenige kleine Eisströme drangen in vereinzelte Juratäler ein. Aus jener Zeit stammen die Moränen auf den südlichsten Jurahöhen, deren Find-

Abb. 21
Steinbruch in den steil alpenwärts einfallenden Schichten des Kimmeridgien (Malm) der ersten, südlichsten Juraantiklinale bei Lommiswil/Solothurn. Hier wird der seit der Römerzeit für Mauerwerk, Brunnen und Innendekoration verwendete Nerineenkalk – der sogenannte «Solothurner-Marmor» – gewonnen. Auf der grossen Schichtfläche sind vor wenigen Jahren zahlreiche Saurierfährten entdeckt worden.

lingsblöcke aus Walliser Gesteinen und Mont Blanc-Granit sich so auffallend als Fremdlinge (Erratiker) vom darunterliegenden Kalkstein abheben.

Gesteine und Schichtfolge. Im Mesozoikum befand sich im Gebiet des heutigen Juras ein tropisches Flachmeer, in wenig tiefe Becken und seichte Schwellen gegliedert. Es war der Nordrand des Urmittelmeeres, der Tethys, aus dem später die Alpen aufgefaltet werden sollten (s. S. 58/59 und 153).
Zeitweise wurden Teile vom offenen Meer abgeschnitten oder über den Meeresspiegel herausgehoben (und damit der Verwitterung und der Abtragung ausgesetzt). Während fast 200 Millionen Jahren wurden gesamthaft rund 1000 bis 1500 m Sedimente abgelagert, vorwiegend Kalkstein, Mergel und Ton, untergeordnet Dolomit, Sandstein, Anhydrit, Steinsalz und andere. Das Mengenverhältnis Kalkstein zu Mergel/Ton wird auf etwa 2 : 1 geschätzt.

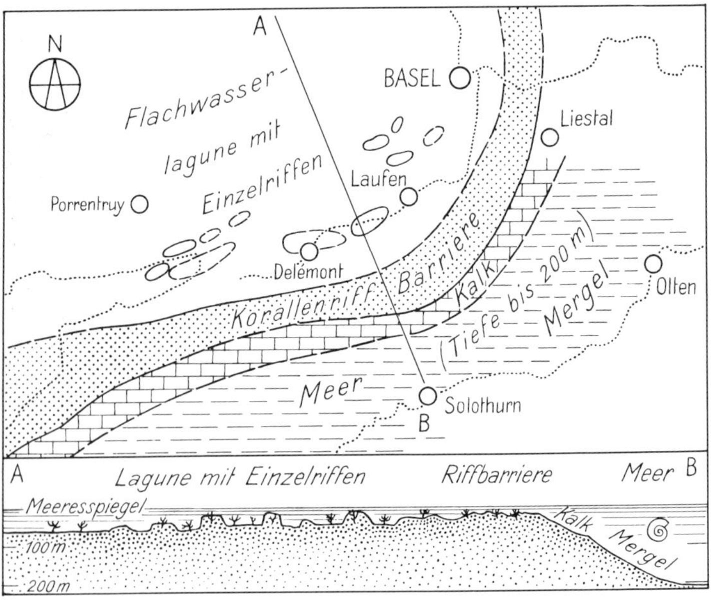

Abb. 22
Die Nordwestschweiz während der jüngeren Jurazeit (mittleres Oxfordien). Am Rand eines tropischen Meeres bilden sich gleichzeitig, aber mit verschiedener Fazies, die Korallenkalke des Rauracien (nordwestlich der Riffbarriere im Flachwasser) und die ammonitenführenden Kalksteine und Mergel des Argovien (südöstlich der Barriere im untiefen Meer). Siehe auch Abb. 24/3 und Tabelle 2. Zeichnung nach Gygi. Die aufgeführten Ortschaften dienen selbstverständlich nur zur Orientierung ...

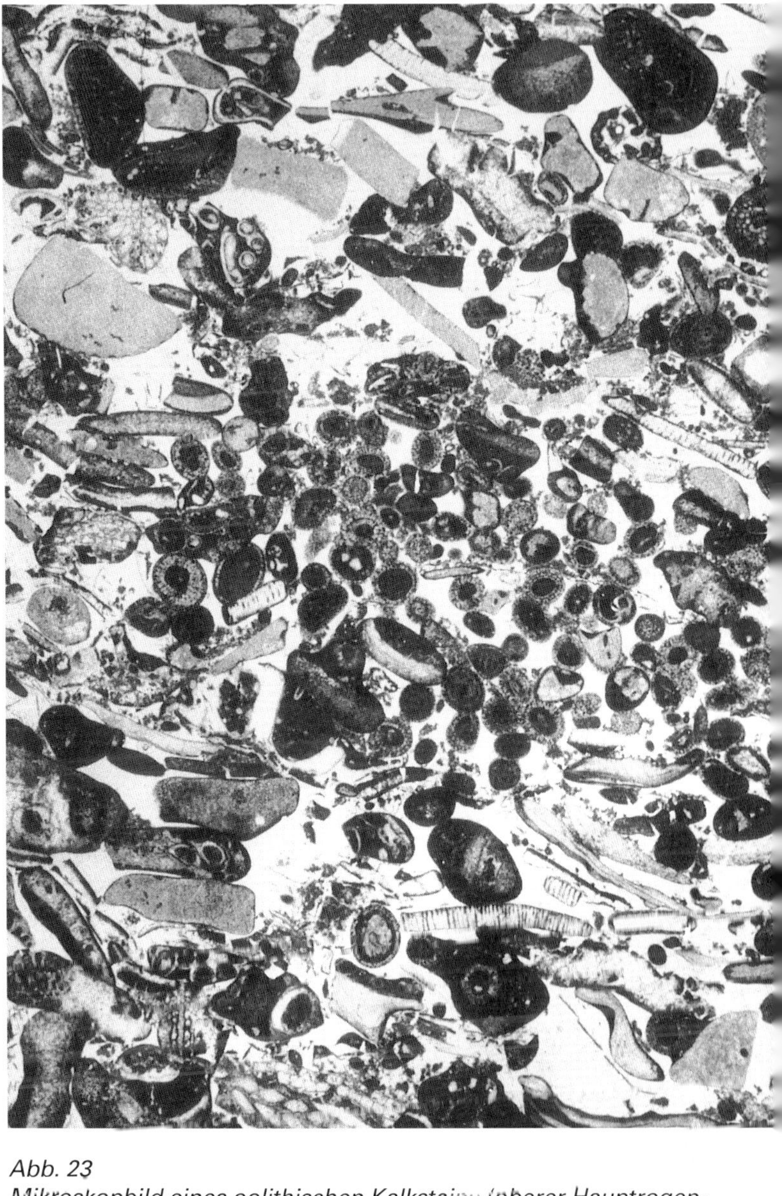

Abb. 23
Mikroskopbild eines oolithischen Kalksteins (oberer Hauptrogenstein). Fläche ca. 2 cm². Es fallen vor allem zwei Hauptbestandteile auf: Kleine, schalig aufgebaute Kügelchen sind ***Ooide*** *(s. Text). Grössere, im Schnitt zumeist längliche Körner entsprechen* ***Schalenbruchstücken verschiedenster Lebewesen*** *wie Muscheln, Brachiopoden, Seelilien, Seeigel und andere. Foto aus J. Aufranc: Geolog. Untersuchung der Chasseralkette.*

Wenn heute im Landschaftsbild der Kalkstein dominiert, so ist das darauf zurückzuführen, dass er die markanten Felsen bildet, während die weichen Gesteine oft unter der Vegetation verborgen sind. Die auf den ersten Blick eher monotonen Kalksteine sind von grosser Vielfalt der Zusammensetzung und Farbe. Verbreitet sind zum Beispiel oolithische Kalksteine (Rogensteine). Sie bestehen aus millimetergrossen Kügelchen mit schaligem Aufbau, die in untiefem, bewegtem Wasser durch Anlagerung von Kalk an Kerne von Fossilbruchstücken usw. entstanden *(Abb. 23 und 24/2).* Spätige Kalke (auch Spatkalke oder Echinodermenbreccien genannt) sind zu einem grossen Teil aus Bruchstücken von Seelilien-Stengelgliedern aufgebaut.
Die Tabelle 2 soll einen summarischen Überblick über die Schichtfolge und die Gesteine des Juras vermitteln. Aus ihr geht unter anderem hervor, dass gleichaltrige Ablagerungen nicht immer im ganzen Jura gleichartig (in gleicher Fazies) ausgebildet sind. So entstanden im nordwestlichen Jura zur Zeit des mittleren Oxfordiens auf einer flachen Plattform mit Korallenriffen Korallenkalke (Plattformfazies = Rauracien), während im Südosten gegen das offene Meer zu gleichzeitig Mergel und Kalksteine mit den Überresten der dort lebenden Ammoniten abgelagert wurden (Beckenfazies = Argovien), *(Abb. 22).*
Der Solothurner Geologe Amanz Gressly hat dieses Phänomen schon Mitte des letzten Jahrhunderts beobachtet und richtig gedeutet, und er hat auch als einer der Ersten die eminente geologische Bedeutung dieser Erscheinung erkannt.
Kreidesedimente finden sich heute im Jura nur westlich von Biel. Im östlichen Jura sind sie zum Teil gar nicht abgelagert worden, zum Teil wurden sie schon vor dem Tertiär wieder abgetragen. Auch im Eozän war der Jura Festland mit einer verkarsteten Landoberfläche, in deren Spalten sich Reste von abgetragenen Gesteinen und Verwitterungsrückstände wie roter Lehm (Terra rossa), Bohnerzknollen (vgl. S. 171 und Abb. 94/5) und Quarzsand ansammelten. Im Tertiär schliesslich war das Gebiet des Juras teilweise (vor allem in der südlichen Fortsetzung des Rheintalgrabens) vom Meer bedeckt, in das Flüsse aus den Vogesen wie aus den Alpen Sand und Geröll schütteten.

Tabelle 2: Die Schichtfolge des Juragebirges ▶

Abkürzungen: U = untere(r), M = mittlere(r), O = obere(r)
W, NW, E, SE: im westlichen, nordwestlichen, östlichen bzw. südöstlichen Teil des Juras.
In Anführungszeichen: lokale bzw. nur in der Schweiz gebräuchliche Schichtbezeichnungen
fett gedruckt: wichtigste kompetente Schichtglieder
kursiv: wichtigste inkompetente Schichtglieder

Tertiär	Miozän und Oligozän	In der südlichen Fortsetzung des Rheintalgrabens (Kantone BE und JU) Sandsteine und Konglomerat durch Schüttungen von Norden (Vogesen) oder von Süden (Alpen) und Süsswasserkalke («Delsberger Kalk»)	
	Eozän	Verwitterungsrückstände wie Terra Rossa, Bohnerz und Quarzsand in Karsttaschen von Kreide (W) bzw. Malm (E)	
Kreide	obere Kreide + Aptien/ Albien	Kalksteine, Mergel Sandsteine Grünsande mit Glaukonit	auch im Westen nur reliktisch und in Erosionstaschen erhalten
	Barremien	gelbe und beige Kalksteine	nur westlich von Biel erhalten
	Hauterivien	*gelbe Merge*l u. Kalksteine, z. T. spätig («Pierre jaune de Neuchâtel»)	
	Valanginien	Roter, spätiger Kalk («calcaire roux»)	
	Berriasien	gelbe Kalke («marbre bâtard») Bunte Kalke und Mergel («Purbeckien»)	
Malm	Portlandien	Dünnbankige Kalksteine und Dolomite	
	Kimmeridgien	**Hellgraue, kompakte, grobbankige Kalksteine**	
	Oxfordien	O: «Sequanien»: Kalksteine, z. T. oolithisch M: ┌ SE: «Argovien» { *Mergel («Effinger Schichten»)* / Kalke («Birmensdorfer Schichten») └ NW:«Rauracien»: fossilreiche Kalke u. Korallenriffe U: «Oxfordien»: *Tone* (vor allem Kantone BE und JU)	
Dogger	Callovien	Fossilreicher, geringmächtiger Eisenoolith W: Spatkalke («Dalle nacrée») E: Mergel	
	Bathonien Bajocien	**W: helle, oolithische Kalke («Hauptrogenstein»)** E: *Mergel* («Parkinsonia-Schichten») Eisenoolith, Sandkalk	
	Aalenien	*Ton («Opalinuston»)*	
	Lias	*Ton und Mergel* («Posidonienschiefer», «Insektenmergel»)	
Trias	Keuper	*Mergel mit Gips und Salz,* Sandstein, Dolomit	
	Muschelkalk	O: Dolomit, Kalkstein («Trochitenkalk») *M: Anhydrit, Steinsalz («Anhydritgruppe»)* U: Kalkstein, Dolomit	
	Buntsandstein	Rote Sandsteine, Konglomerate und Tonschiefer	
	Kristallines Grundgebirge: Gneis und Granit		

Abb. 24
Gesteine des Juragebirges:
1 (ol): Kalkstein (Kimmeridgien).
2 (or): Eisenoolith (Dogger, Herznach).
3 (ml): Korallenkalk (Rauracien).
4 (mr): Nerineenkalk (Malm, Solothurn).
5 (ul): Bohrkerne von Steinsalz (Trias).
6 (ur): Kalkstein mit Wurzelstöcken von Seelilien. Die violette Farbe ist der natürliche Farbstoff dieser Lebewesen (Rauracien).

Bau und Form des Faltenjuras. Der Falten- oder Kettenjura besteht aus einer generell von Südwest nach Nordost oder Ost verlaufenden Schar von Falten, die sich bei näherer Betrachtung in viele individuelle auf- und abtauchende, einander ablösende Falten von 5 bis 30 km Länge auflösen *(Abb. 2* und *14).* Ihre Achsen liegen zwar im grossen und ganzen parallel zum Gebirgszug, im Detail zeigen sich aber viele Abweichungen. Ferner werden die Falten oft durch Blattverschiebungen (Transformbrüche) seitlich versetzt. Der bedeutendste dieser Brüche ist jener von Vallorbe – Pontarlier, der – Nord-Süd verlaufend – die östlichen Falten und Mulden um einige Kilometer nach Norden versetzt hat. Entstanden sind diese Falten, indem das mesozoisch-tertiäre Schichtpaket auf den Anhydrit- und Salzgesteinen der Trias abgeschert und aufgewellt worden ist. Der Betrag des Zusammenschubs variiert zwischen 2 und 20 km. Die untere Trias und das Grundgebirge sind nicht verfaltet worden. Der Tiefgang des Juragebirges übersteigt 1 bis 2 km nicht. Verglichen mit den Alpen ist es nur eine oberflächliche Verrunzelung der Sedimenthaut.
Die Breite des Faltenjuras (und damit auch die Zahl der hintereinander gestaffelten Faltenzüge) nimmt von Westen nach Osten ab: von 30 km im Gebiet der Vallée de Joux, 25 km im Querschnitt Biel–Porrentruy auf 11 km bei Balsthal und 1,5 km in der Lägern. Die höchsten Ketten grenzen dabei in der Regel an das Mittelland, was den Jura-Südrand zu einer auffälligen landschaftlich-morphologischen Grenze macht.

Die Jurafaltung. Der Faltenbau des Juras wirkt sich in einzigartiger, für jedermann sofort erfassbarer Weise auf die Oberflächenformen aus:
Die Faltenscheitel (Antiklinalen) bilden die Hügelzüge, *die Faltenmulden (Synklinalen)* die langgezogenen Täler und Becken. Die Flussläufe folgen den Längstälern und durchbrechen die Ketten in engen, schluchtartigen Quertälern, den *Klusen.* Alle grösseren Siedlungen liegen in den Talsohlen. Die Hauptverkehrsachsen sind an die Täler gebunden. Für wichtige Querverbindungen wurden die Ketten untertunnelt (Grenchenberg-Eisenbahntunnel, Hauenstein-Eisenbahntunnel, Belchen-Autobahntunnel und viele kleinere). Durch die natürlichen Aufschlüsse der Klusen und die künstlichen Aufschlüsse der Tunnelbauten ist der Bau der Antiklinalen sehr gut bekannt (vgl. *Abb. 25).*
Im Querschnitt sind die Falten meist eckig mit steilen, fast vertikalen Flanken (Schenkeln) und nahezu horizontaler Schichtlage im Scheitel: Man spricht von *Kofferfalten.* An den Knickstellen sind die Schichten oft zerbrochen.
In den Klusen sind vielfach auch die weichen, zu Rutschungen neigenden Mergel- und Tonschichten aufgeschlossen. Hier ist auch ersichtlich, welche entscheidende Bedeutung der Wechsel von Kalkstein und Mergel/Ton für die Faltung hatte: Die starren, kom-

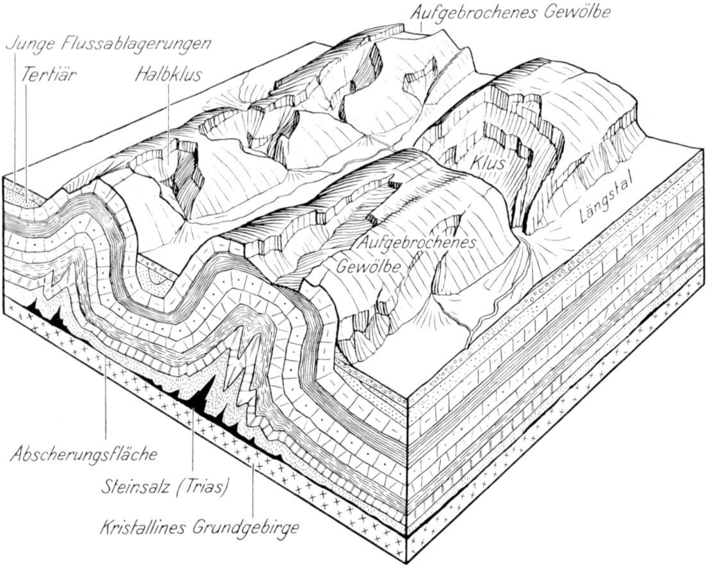

Abb. 25
Bau und Oberflächenformen des Faltenjuras (aus: Illustrierte Berner Enzyklopädie).

petenten* Kalkschichten bilden das Gerüst der Falten. Sie sind unter grossräumiger Verbiegung durch Gleiten von Schicht auf Schicht (wie ein Stapel dicken Kartons) verfaltet worden, während sich die *weichen, inkompetenten* Ton- und Mergelschichten* durch plastisches Fliessen aus den Synklinalen in die Antiklinalen passiv diesem Gerüst angepasst haben. Dabei mussten im Inneren einer Antiklinale tiefere (ältere) kompetente Schichten aus Platzgründen mehrere kleinere Falten ausbilden. Man bezeichnet dies als disharmonische Faltung. Das Blockbild *(Abb. 25)* veranschaulicht halbschematisch diesen Faltungsstil. Er kam, wie gesagt, dadurch zustande, dass ein Schichtstapel über einer mehr oder weniger ebenen Abscherungsfläche verfaltet wurde. Die Darstellung soll auch zeigen, wie Falten abgetragen werden und wie Klusen und Längstäler entstehen: Entlang von Bruchflächen im Faltenscheitel kann die Erosion die formgebende kompetente Schicht (oft sind es die Kalke des Kimmeridgien) angreifen und tiefere, weichere Schichten freilegen. Auf diese Weise entstehen die auffallenden Längstäler auf den Jurahöhen.

* Die wichtigsten kompetenten und inkompetenten Schichthorizonte sind in der Tabelle 2 gekennzeichnet.

Halbklusen und Klusen. Durchbricht ein Gewässer die Deckschicht seitwärts (etwa entlang einem Kluftsystem), so entsteht eine Halbklus. Greift die Erosion aus einer Halbklus rückwärts oder treffen sich zwei Halbklusen, so kann sich eine Klus entwickeln. Eine andere Entstehungsmöglichkeit ist jene durch Antezedenz: Vor der Faltung bestehende Flüsse könnten sich während der Faltung dauernd eingetieft und auf diese Weise die Klusen geschaffen haben.

Die Freiberge. Eine landschaftliche Besonderheit im Faltenjura sind die Freiberge (Franches-Montagnes). Obschon Falten und Mulden vorhanden sind, bildet die Region eine Hochfläche auf 1000 m ü. M. und zeigt grosse Ähnlichkeit mit dem französischen Plateaujura. Eine Zeitlang war man der Auffassung, diese Landschaft sei in zwei Faltungsphasen zustande gekommen. Heute denkt man eher daran, dass hier durch eine ausgeprägte Kofferfaltung die Synklinalen unterdrückt wurden und sich daher morphologisch nicht ausbilden konnten. Bemerkenswert ist das Auftreten von Hochmooren und das Fehlen oberirdischer Wasserläufe. Das Wasser versickert in Dolinen, sammelt sich in Karsthohlräumen und tritt in Karstquellen als Bach oder Fluss an die Erdoberfläche (z. B. die Blanches-Fontaines in den Gorges du Pichoux). Weitere grosse Karstquellen sind die Merlinquelle (Wasserversorgung der Stadt Biel, 4,7 bis 540 m^3/min), die Quelle der Areuse im Val de Travers (mit durchschnittlich 280 m^3/min) und die Quelle der Orbe.

Das Alter der Jurafaltung. Im Jura sind auch die jüngsten, miozänen Molasseablagerungen verfaltet. Somit muss die Faltung im späten Miozän oder im Pliozän erfolgt sein. Es ist unbestritten, dass sie mit den letzten Phasen der Alpenfaltung und mit einer Verschiebung der mittelländischen Sedimentplatte zusammenhängt. Eine klassische Theorie nahm an, die vorgleitenden helvetischen Decken (vgl. S. 158) hätten beim Anbranden das ganze, durch die mächtigen Molasseschichten armierte Sedimentpaket des Mittellandes auf den Gleitschichten der Trias nach Nordwesten verschieben können. Im Jura wurde dabei das Mesozoikum mitsamt der dünnen Tertiärbedeckung gefaltet. Aufgrund neuester experimenteller Erkenntnisse ist das auslösende Moment nicht das Vorgleiten der Decken, sondern eine Verschiebung des Grundgebirgssockels in Richtung Südwesten unter das Aarmassiv. Der Endeffekt ist bei beiden Mechanismen derselbe. Das Ausklingen des Faltenjuras im Osten kann mit dem Fehlen von Anhydrit und Steinsalz in den Triasschichten des Mittellandes recht plausibel erklärt werden (vgl. *Abb. 3)*.

Bau und Form des Tafeljuras. Der Tafeljura, der auf dem Gebiet der Kantone Baselland und Aargau nördlich an den Faltenjura an-

Abb. 26
Blick nach Südwesten in den Faltenjura der Kantone Bern und Jura. Gut ist der im Detail unregelmässige Verlauf der Ketten und Mulden erkennbar. Rechts im Hintergrund das Plateau der Freiberge, links das dunstbedeckte Mittelland.

schliesst, besteht aus ungefalteten mesozoischen Schichten. Sie sind durch NNE–SSW-gerichtete Brüche mit ihrem kristallinen Untergrund in ein Mosaik von Schollen zerlegt worden. Tafelberge prägen seinen Landschaftscharakter und haben ihm den Namen gegeben *(Abb. 27, 28/1 und /2)*. Der Tafeljura ist die Sedimentbedeckung des flach südwärts abtauchenden Schwarzwaldmassivs. Wegen dieses Südfallens erscheinen gegen Norden hin immer ältere Schichten an der Erdoberfläche: unter dem Malm der Dogger, dann der Lias und die Trias, die dem kristallinen Grundgebirge aufliegt. Seine von roten Granitgängen durchsetzten Biotitgneise greifen nur an einer Stelle (bei Laufenburg) auf schweizerisches Gebiet über. Die Brüche des Tafeljuras wurden im Oligozän angelegt, gleichzeitig und im Zusammenhang mit der beginnenden Absenkung des Rheintalgrabens.

Der Rheintalgraben ist ein bedeutender Grabenbruch von rund 300 km Nord–Süd-Erstreckung und rund 35 km Breite zwischen den Kristallinmassiven des Schwarzwalds und der Vogesen. Sein Südostende liegt im Raume Basel. Er ist angefüllt mit tertiären Sedimenten von 2 bis 3 km Dicke. Die

Abb. 27
Blick von Südwesten in die Tafeljuralandschaft des Kessels von Frick (Kanton Aargau). Die oberste Schicht der leicht pultförmigen Tafelberge ist der widerstandsfähige Hauptrogenstein des Doggers (vgl. Tabelle 2, S. 45, und Abb. 23).

seismische Aktivität (S. 179) und der Vulkanismus des Kaiserstuhls weisen auf den Riftcharakter (s. S. 143) dieses Grabensystems hin, dessen Fortsetzung sich nach geophysikalischen Untersuchungen unter dem Mittelland bis zu den Alpen erstreckt.

Der Tafeljura hat sein Gegenstück auf der Westseite des Rheintalgrabens in der Ajoie sowie in Frankreich, im südlichen Vorfeld der Vogesen. Entlang einer Linie Erschwil – Waldenburg – Kienberg – Herznach ist der Faltenjura bis zu 5 km weit auf den Tafeljura überschoben worden. Dabei entwickelte sich im Faltenjura ein für das Juragebirge ungewöhnlicher Schuppenbau *(Abb. 28/5)*. Diese Komplikation ergab sich bei der Faltung, als die vom Untergrund abgelösten Sedimentfalten auf die starren, mit dem kristallinen Sockel verzahnten Sedimentschollen des Tafeljuras auffuhren.

Der kristalline Untergrund. Seitdem die NAGRA zwischen 1982 und 1988 im Tafeljura bei Böttstein (AG), Kaisten (AG), Leuggern (AG) und Siblingen (SH) vier Tiefbohrungen abgeteuft hat, ist man

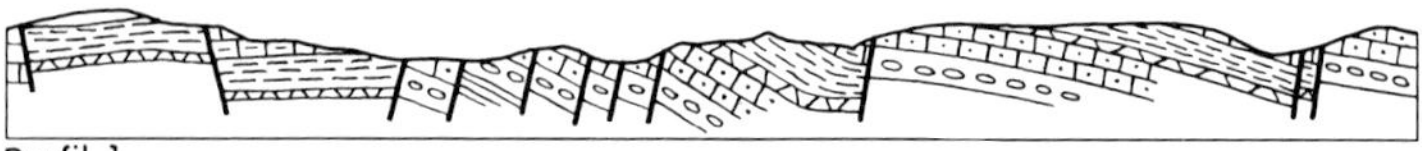

Profil 1

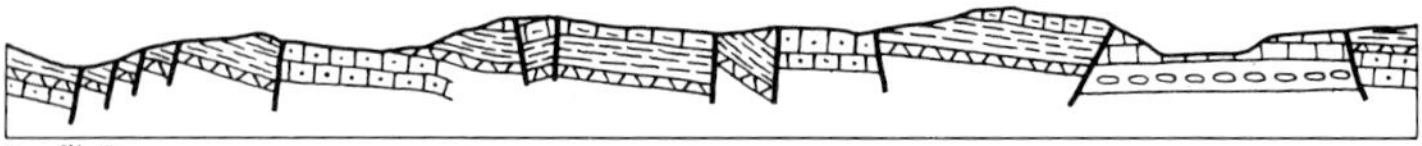

Profil 2

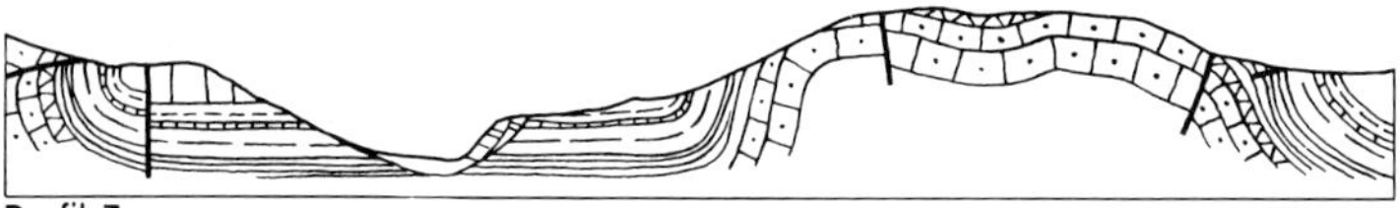

Profil 3

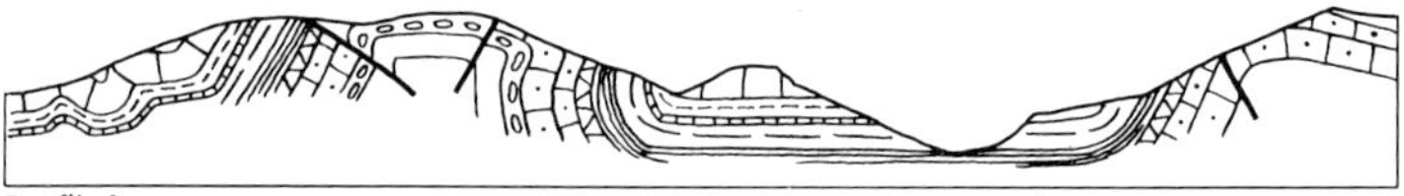

Profil 4

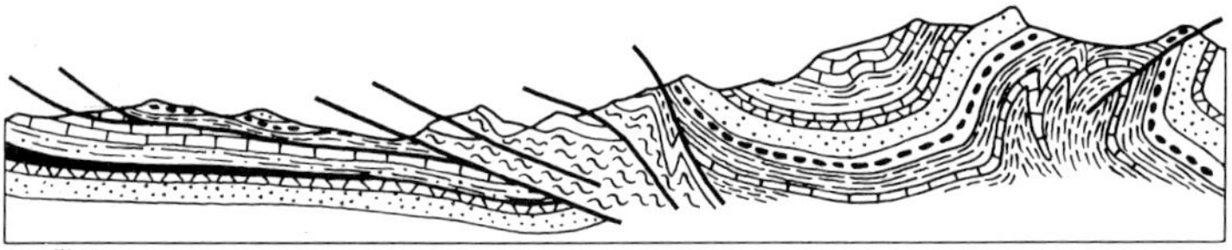

Profil 5

Abb. 28
Ausschnitte von Querprofilen durch den Jura:
1 und 2: Tafeljura im Kanton Baselland.
3 und 4: Faltenjura am Doubs (Kanton Jura).
5: Überschiebung des Faltenjuras auf den Tafeljura im Passwanggebiet.

über das kristalline Grundgebirge unter dem Jura gut orientiert. Seine Gesteine entsprechen weitgehend denjenigen des Südschwarzwaldes: Hochmetamorphe Sedimentgesteine (Paragneise), durchsetzt von Graniten der Karbonzeit, welche dem Granit von St. Blasien und dem Albtalgranit nahe verwandt sind. Mit einer weiteren Bohrung weiter östlich in Weiach (ZH) gelang der Nachweis eines etwa West–Ost orientierten, mindestens 60 km langen und rund 10 km breiten Grabens, der eine 2 bis 3 km mächtige Sedimentfolge des Karbons und Perms enthält. Er ist unter der Bezeichnung **«Nordschweizer Permokarbontrog»** bekannt geworden. Bemerkenswert sind darin 35 Flöze von qualitativ guter Steinkohle von insgesamt 32 m Dicke, viel zu tief allerdings, um an eine Ausbeutung denken zu können.

3.3. Die Alpen

3.3.1. Grundlegendes zur Geologie der Alpen

Die Schweizer Alpen sind der zentrale und höchstgelegene Sektor des Alpenbogens, der sich von Nizza bis Wien erstreckt. Sie weisen ein ausgesprochenes Hochgebirgsrelief auf, mit tief eingeschnittenen Tälern und markanten Bergketten und Gipfeln. Die Vergletscherung ist beträchtlich. Wegen der grossen Höhendifferenzen ist die Abtragung sehr intensiv. Sie wird aber nahezu ausgeglichen durch eine andauernde Hebung des Gebirgskörpers. Die Alpen gehören zu den jungen Faltengebirgen der Erde, die am Ende der Kreidezeit und im Tertiär entstanden sind, und deren Faltung vielleicht heute noch andauert. Ihr Hochgebirgscharakter unterscheidet sie deutlich von den zu hügeligen Mittelgebirgen abgetragenen Ketten der älteren europäischen Gebirge *(Abb. 1)*.

Die Alpen sind ein kompliziertes Gebirge. Dies stellt der Bergsteiger und Wanderer fest, wenn er auf seinen Ausflügen ins Gebirge die Vielfalt der Gesteine und Mineralien und die oft verwirrenden Lagerungsverhältnisse beobachtet. Dessen wird sich aber auch der Forscher im Gelände und im Labor immer wieder bewusst, wenn er sich in aufwendiger Arbeit um die Lösung eines Detailproblems bemüht.

Trotz intensiver, bald zweihundertjähriger Forschungstätigkeit, trotz eines heutigen, in vielen Belangen einleuchtenden Modells der Entstehung der Alpen sind viele wichtige Zusammenhänge noch nicht erklärt oder erkannt.

Wie kann man sich als Nichtgeologe in die Geologie der Alpen einarbeiten? Wir möchten zwei verschiedene Wege anbieten:

- Wer zu Beginn zuviel Respekt vor grundsätzlichen Erläuterungen hat, kann nach der Lektüre dieses einleitenden Abschnitts (3.3.1.) direkt zu den Beschreibungen der einzelnen geologischen Einheiten der Alpen (3.3.2.) übergehen.
- Wer sich eine etwas vertiefte Basis legen will, der studiere nach diesem einleitenden Abschnitt die Kapitel über Plattentektonik (8.), über den Ablauf der Alpenfaltung (9.) und über die Alpine Metamorphose (4.).

In sich geschlossene Kapitel betreffen schliesslich die *Alpinen Zerrkluftmineralien* (5.), die *Entstehung der alpinen Oberflächenformen* (6.) und die *Bergstürze der Alpen* (7).

Ein Falten- und Deckengebirge. Die Alpen sind entstanden durch eine sehr bedeutende seitliche Einengung der Erdkruste beziehungsweise der Lithosphäre (S. 138). Dabei sind ursprünglich nebeneinanderliegende Gesteinskomplexe infolge der Kollision zweier Kontinente als Falten und Decken übereinandergeschoben worden.

Ein verfaltetes Ozeanbecken. Schon seit langem war den Geologen klar, dass sich im heutigen Deckenstapel ein ehemaliges Meeresbecken verbirgt. Dabei lassen sich die beteiligten Gesteine altersmässig grob zweiteilen, in mesozoische Sedimente, welche im Ozeanbecken abgelagert worden sind, und in ältere, vormesozoische Gesteine des Grundgebirges, welche offensichtlich die Unterlage der Sedimente darstellen. Diese Zweiteilung in ein mesozoisches Deckgebirge und ein älteres, zumeist kristallines Grundgebirge, entspricht den im Jura und im Mittelland beobachteten Verhältnissen.
Früher bezeichnete man solche Ozeanbecken, in welchen sich grosse Sedimentmassen ansammelten und anschliessend als Ganzes zu Gebirgen verfaltet wurden, als Geosynklinalen. Seit dem Durchbruch des entsprechenden Gedankenguts vor etwa 20 Jahren wird die Entstehung der Alpen durchwegs mit einem plattentektonischen Modell gedeutet (Abschnitt 8). Danach bildete sich nach dem Auseinanderbrechen eines alten Riesenkontinents («Pangäa», *Abb. 84*, S. 142) während der Jurazeit ein Ozeanbekken etwa von der Grösse des heutigen westlichen Mittelmeeres, das sogenannte Urmittelmeer oder die Tethys. Im Verlaufe der Kreidezeit begannen sich die vorher auseinandergedrifteten neuen Kontinente Europa und Afrika wieder zu nähern. Nach der Elimination der ozeanischen Tiefseebecken durch Verschluckung (Subduktion S. 144) kollidierten im Tertiär die beiden Kontinente und verkeilten sich zum Deckenstapel.

Gebirgsbaueinheiten und Ablagerungsräume. Seit der Entdeckung des alpinen Deckenstapels anfangs dieses Jahrhunderts unterteilte man ihn in einen **helvetischen,** einen **penninischen,** einen **ostalpinen** und einen **südalpinen** Teilbereich. Namen und Unterteilung haben sich in der Folge fest eingebürgert; sie werden auch in jeder modernen geologischen Veröffentlichung verwendet, praktisch jede geologische Karte basiert darauf (vgl. *Abb. 2,* S. 14). Ursprünglich handelt es sich um die Bezeichnung von Gebirgsbaueinheiten, um tektonische Begriffe also. Dies zeigt sich beispielsweise eindeutig in Begriffen wie «Oberostalpin» und «Unterostalpin».
Vor allem die detaillierte Untersuchung der in diesen Einheiten enthaltenen Sedimente ergab später immer deutlicher, dass diese Komplexe aus ganz bestimmten Meeresräumen stammen müssen. Die Begriffe wurden nun mehr und mehr auch zur Charakterisierung eines ursprünglichen Ablagerungsraums, also mit paläogeographischer Bedeutung verwendet. Auch das Plattentektonik-Konzept hat für die Unterteilung der Tethys diese alten Bezeichnungen beibehalten (vgl. etwa *Abb. 88,* S. 153). Man kann sich Konfusionen ersparen, wenn man sich stets der Doppeldeutigkeit dieser vielverwendeten Begriffe bewusst ist. Die penninischen Decken beispielsweise stammen aus dem penni-

nischen Ablagerungsraum der Tethys. Währenddem die penninischen Decken konkrete sichtbare und erkletterbare Bergketten in den heutigen Alpen aufbauen, bleibt der Ablagerungsraum, ein bei der Faltung zerstörtes, verfaltetes, zum Teil buchstäblich verschlucktes Meeresbecken, für Viele etwas sehr viel Abstrakteres.

Gewaltiger seitlicher Zusammenschub. Der Zusammenschub bei der Faltung war enorm: von 500–700, vielleicht auch 1000 km Breite des Ablagerungsraumes auf die heutigen 120 bis 150 km Gebirgsquerschnitt. Natürlich wurde dabei die ursprüngliche Anordnung der Gesteine ausserordentlich stark gestört. Nur im Tafeljura, im Mittelland, an den Rändern der Zentralmassive und im Südtessin sind die mesozoischen Sedimente noch *autochthon,* das heisst, sie befinden sich noch am Ort ihrer ursprünglichen Ablagerung über dem kristallinen Untergrund. Die meisten Sedimentpakete der Alpen sind auf inkompetenten Schichten von ihrer Unterlage abgeglitten (abgeschert) und unter mehr oder weniger starker Faltung als Decken Dutzende von Kilometern nach Norden transportiert worden. Das klassische Beispiel dafür sind die helvetischen Decken (S. 78 ff.). Beim Transport geriet die Abfolge der Schichten oft arg durcheinander, sei es, dass ein Teil der Schichten durch Faltung verkehrt zu liegen kam oder dass ein und dieselbe Schicht durch Verfaltung und Deckenbildung mehrfach übereinander vorkommt, abwechslungsweise in normaler und in verkehrter Lagerung *(Abb. 29).* Ferner konnte sich ein Schichtpaket während des Transports durch Zergleiten auf inkompetenten Lagen in mehrere Teildecken aufspalten (S. 83). Südlich der Rhein-Rhone-Linie, im penninischen und ostalpinen Bereich, wurden kristalliner Untergrund und mesozoische Sedimente gemeinsam in den Deckenbau einbezogen. Dabei sind die kristallinen Gesteine nur in den tiefsten, heissesten Zonen des Gebirges verfaltet worden; in den höheren Stockwerken haben sie sich als starre, nicht faltbare Späne oder Bretter verhalten.

Decken
Als Decken bezeichnet man flächige, nicht mehr ortsfeste (d. h. allochthone) Gesteinsmassen. Ihr Erscheinungsbild ist ausserordentlich mannigfaltig. Die Vielfalt der Decken ist in zahlreichen Abbildungen dieses Buches dargestellt.
Abb. 2, 29, 30, 42, 44, 45, 46, 47, 49, 52, 53, 55, 57 und 89

Neben der augenfälligen Überschiebungstektonik, die zum Deckenbau führt, spielen Quer- und Längsbrüche, darunter gewaltige Transformstörungen, eine bedeutende, lange unterschätzte Rolle.

Ein asymmetrisches Gebirge. Alle bedeutenden Deckenüberschiebungen während der Faltung verliefen in nordwestlicher Richtung, von der Innenseite (Internseite) des Alpenbogens zur Aussenseite (Externseite). Diese Asymmetrie des Gebirges kommt in Profilschnitten gut zur Geltung *(Abb. 2, 30, 44* und *89),* vor allem bei den grossen Deckfalten im Helvetikum und im tieferen Penninikum, deren Stirnen im Nordwesten und deren Wurzeln im Südosten liegen. Sie ist im Prinzip auf den Mechanismus der Plattenkollision zurückzuführen. Dabei wurden in der Regel Gesteinspakete aus südlicheren Teilen des Ablagerungsraumes über nördlichere aufgeschoben. Daraus leitet sich eine wichtige, wenn auch nicht ausschliesslich gültige Faustregel ab: *Was heute im Deckenstapel (tektonisch) höher liegt, kommt von weiter südlich her.* So liegen die penninischen Decken als Ganzes über den helvetischen und unter den ostalpinen.
Zu grösseren südwärts gerichteten Überschiebungen ist es offensichtlich im Tessin an der insubrischen Linie und südlich davon gekommen (S. 108 und *Abb. 89).*
Von der südwärts einfallenden Subduktionszone aus der Frühphase der alpinen Gebirgsbildung ist im heutigen Alpenkörper nichts mehr zu sehen.

Die Wurzeln der Decken. Als Wurzel oder Wurzelzone bezeichnet man den rückwärtigsten, südöstlichsten, steil abtauchenden Teil vieler Decken. Man unterscheidet in den Schweizer Alpen eine *externe helvetische Wurzelzone,* die Achse Chamonix – Martigny–Rhonetal – Urserental – Rheintal, und eine interne penninisch-ostalpine Wurzelzone am Alpensüdrand *(Abb. 2,* S.15). Man hat den Wurzelzonen in den letzten Jahrzehnten zusehends weniger Bedeutung zugemessen als früher. Sie markieren nur im allerweitesten Sinne das Herkunftsgebiet der betreffenden Decken. Falsch wäre die Vorstellung, die Decken seien aus einer schmalen, steilen Nahtzone herausgepresst worden. Die Gesteinsmassen, die später Decken bildeten, sind auf wenig geneigten Flächen vom Untergrund abgeschert worden; es wäre richtiger, von einem Wurzelgebiet zu sprechen. So gilt als sicher, dass die helvetischen Decken der Ostschweiz aus einem 30 bis 40 km breiten (Wurzel-) Gebiet über dem Tavetscher Zwischenmassiv stammen (S. 76 und 78). Die heute so auffälligen steilen Wurzelzonen sind nur Teile des ganzen Wurzelgebiets, die durch junge, nach der Deckenbildung erfolgte Bewegungen steilgestellt wurden. In besonderem Masse gilt dies für die interne Wurzelzone im Tessin, wo entlang der insubrischen Linie Bruchbewegungen grössten Ausmasses stattgefunden haben *(Abb. 89,* S. 158).

Die Alpen gründen tief. Wie bei allen grossen, durch Kontinentkollisionen entstandenen Gebirgen haben sich auch in den Alpen die bedeutendsten Massenverschiebungen für uns unsichtbar in

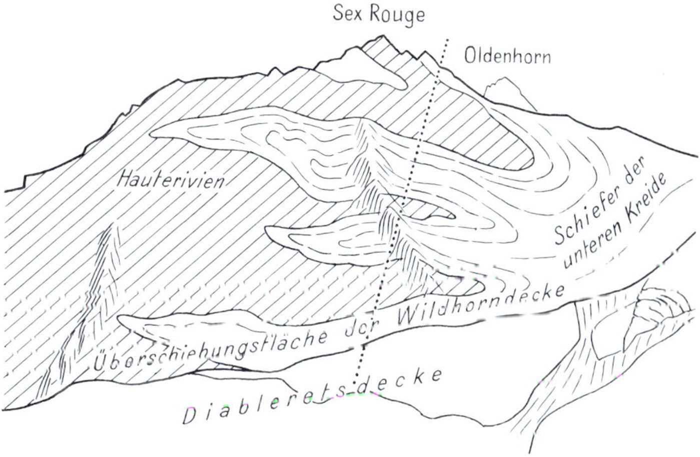

Abb. 29
In der Westflanke des Sex Rouge im Diableretsmassiv VD ist eine Deckenüberschiebung aufgeschlossen, diejenige der Wildhorn- über die Diableretsdecke (vgl. auch Abb. 44/2). Die Schichten der Wildhorndecke, der massive Kieselkalk (Hauterivien) und die schiefrigen Kalke der unteren Kreide, sind in liegende Falten gelegt. Eine Bohrung entlang der gepunkteten Linie würde ein und dieselbe Schicht nicht weniger als sechsmal durchfahren!

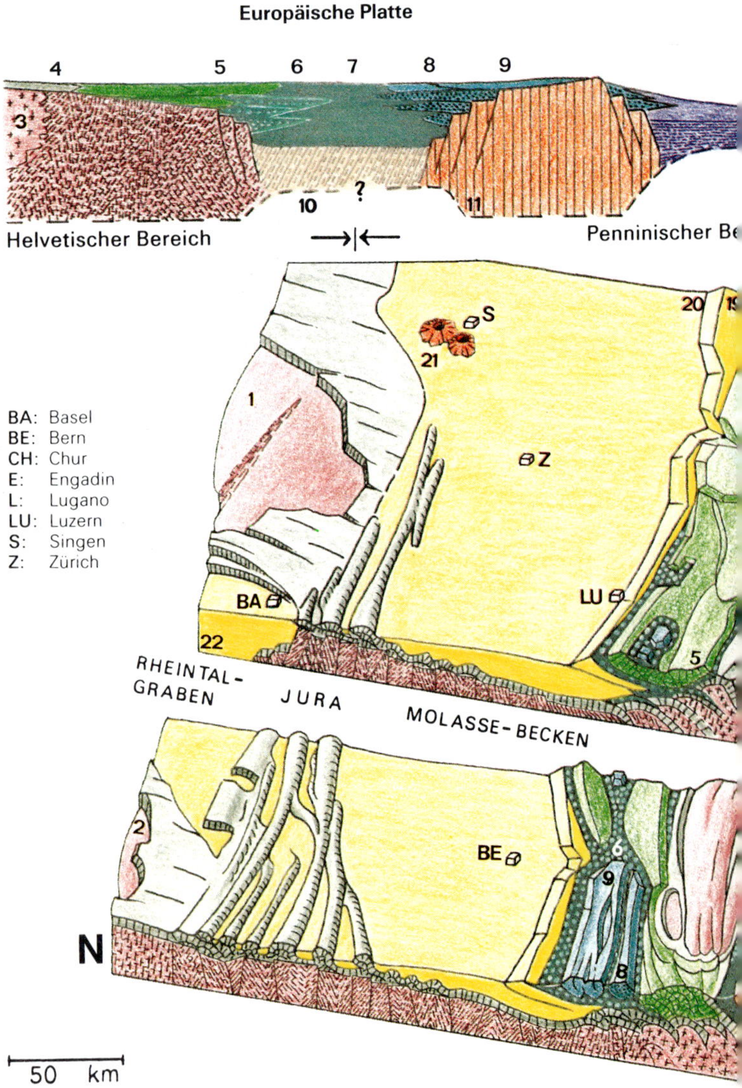
Europäische Platte
4
5
6
7
8
9
3
10
?
11
Helvetischer Bereich
Penninischer Be
20
S
21
1
Z
BA: Basel
BE: Bern
CH: Chur
E: Engadin
L: Lugano
LU: Luzern
S: Singen
Z: Zürich
LU
BA
22
5
RHEINTAL-
GRABEN
JURA
MOLASSE-BECKEN
2
BE
6
9
8
N
50 km

1 Schwarzwald
2 Vogesen
3 Zentralmassive
4 Helvetisches Autochthon
5 Helvetische Decken
6 Flysche
7 Bündnerschiefer
8 Niesendecke
9 Préalpes
10 Lepontinische Decken
11 Höhere penninische Kristallindecken
12 Zone von Zermatt, Platta-, Falknis-, Tasna-Decke
13 Ostalpine Sedimente
14 Ivrea-Zone
15 Dent-Blanche-, Err-, Bernina- und Campo-Decke
16 Silvretta-Decke und Seengebirge
17 Ötztal-Decke
18 Sedimentfüllung des Po-Beckens
19 Aufgeschobene subalpine Molasse
20 Sedimentfüllung des Molassebeckens
21 Hegau-Vulkane
22 Sedimentfüllung des Rheintalgrabens
23 Bergellergranit
24 Adamello-Granite

Abb. 30
Der geologische Aufbau der Schweiz: Die Lage der grossen Gesteinskomplexe vor und nach der alpinen Gebirgsbildung. Aus Hottinger «Wenn Steine sprechen».

der Tiefe abgespielt. Was wir an der Erdoberfläche als imposante und hohe Gebirgskette bewundern, sind nur die höchsten Späne, welche zufälligerweise gerade heute durch Hebung und Abtragung freigelegt sind.

Erfassen können wir den Unterbau der Alpen nur indirekt. So lässt sich mit Hilfe seismischer Untersuchungen eine sehr beträchtliche Verdickung der Erdkruste nachweisen. Von für kontinentale Kruste normalen 25 bis 30 km unter dem Jura nimmt die Dicke gegen Süden kontinuierlich zu, bis auf knapp 60 km unter dem Nordtessin *(Abb. 89,* S. 158). Ursache für diese Verdickung sind übereinandergeschobene Krustenspäne («Decken») der europäischen Platte, vor allem des Penninikums und der Zentralmassive. Aber auch in diesem mächtigen Krustenkeil kann nur ein Bruchteil des bei der Plattenkollision angehäuften Gesteinsvolumens enthalten sein. Vieles ist an der Oberfläche des Gebirges bereits wieder abgetragen worden. Der wohl bedeutendste Anteil muss aber in der Tiefe der unteren Lithosphäre versenkt worden sein.

Unsere hohen und mächtigen Alpen sind wahrhaftig nur die Spitze des Eisbergs!

Zeitmarken der Faltung. Auch wenn das Endergebnis mit zerbrochenen, verfalteten und aufgetürmten Schichten spektakulär anmutet: die Alpenfaltung war kein plötzlicher, katastrophaler Vorgang. Die Natur nahm sich Zeit, gegen hundert Millionen Jahre. Die Bewegungsgeschwindigkeiten dürften mit einigen Millimetern bis wenige Zentimeter pro Jahr nicht sehr verschieden von denen der heutigen Plattenverschiebungen gewesen sein. Unter Fachleuten umstritten ist die Frage, ob sich die Bewegungen mehr oder weniger gleichmässig und kontinuierlich abgespielt haben (das wäre im Sinne der Plattentektonik) oder ob Phasen intensiverer Faltung mit ruhigeren Perioden abgewechselt haben.

Informationen über den zeitlichen Ablauf der Faltung erhalten wir von zwei Seiten her, einerseits durch die *Untersuchung der Fossilien* (Versteinerungen) *in Sedimenten,* anderseits durch *physikalisch-radiometrische Altersbestimmungen an Mineralien und Gesteinen.*

Die meisten Sedimente enthalten Fossilien, mehr oder weniger gut konservierte Überreste von Lebewesen ihrer Entstehungszeit (z. B. *Abb. 43, 86* und *87).* Nach der Bestimmung durch einen Spezialisten ist es meist möglich, Fossil und Schicht in das weltweit gültige «chronostratigraphische System» (die «Formationstabelle») einzuordnen. Von grosser Bedeutung ist diese Möglichkeit der Altersbestimmung für die Dauer der sich öffnenden Tethys während der Jura- und Kreidezeit. Zusammen mit der Analyse der Fazies (der Ablagerungsbedingungen) der entsprechenden Sedimente bildet sie die Basis für die zeitlich-räumliche Rekonstruktion der Entstehung dieser Meeresbecken.

Auch später sind im Meer über dem sich einengenden Untergrund weiterhin Sedimente abgelagert worden (Flysch, s. nächste Seite). Für die zeitliche Festlegung von Vorgängen im Innern des Gebirgskörpers und in der Tiefe der Erdkruste ist man auf *radiometrische Altersbestimmungen* angewiesen.

Radiometrische Altersbestimmungen basieren darauf, dass Isotope radioaktiver Elemente, in geringen Mengen in vielen Mineralien enthalten, mit einer bestimmten Geschwindigkeit in Isotope anderer, nicht radioaktiver Elemente zerfallen. Für die Altersbestimmung in der Geologie werden unter anderen untersucht die Zerfallspaare Kalium 40/Argon 40, Rubidium 87/Strontium 87, Uran 235/Blei 207, Uran 238/Blei 206, Samarium 147/Neodym 144 und Kohlenstoff 14/Stickstoff 14.
Kann man die Menge der neugebildeten Tochtersubstanz und die Restmenge Muttersubstanz bestimmen, so lässt sich der Beginn des Zerfalls berechnen. Eine genaue Untersuchung des betreffenden Minerals oder Gesteins erlaubt eine Aussage darüber, welche geologische Bedeutung dieser Alterswert hat. In der Praxis bleibt nicht selten ein recht grosser Interpretationsspielraum offen. Die radiometrische Altersbestimmung wird vor allem bei kristallinen, das heisst magmatischen oder metamorphen Gesteinen eingesetzt, also dort, wo Mineralien neu entstanden oder kristallisiert sind.
Nicht immer lässt sich das Bildungsalter eines Minerals bestimmen. Bei Glimmern beispielsweise erhält man ein sogenanntes «Abkühlalter». Das ist der Zeitpunkt, in dem das Mineral eine bestimmte Temperatur unterschritten hat, zum geschlossenen System wurde, aus dessen Kristallgitter keine Zerfallssubstanz mehr entweichen konnte. Für Rubidium/Strontium und den dunklen Glimmer Biotit beträgt diese Temperatur 300 – 350°C, für den hellen Glimmer Muskovit etwa 500°. Abkühlalter können wertvolle Informationen über die Hebungs- und Abkühlungsgeschichte eines Gebirgskörpers liefern.
Laboratorien für radiometrische Altersbestimmungen gibt es in der Schweiz an den Universitäten Bern, Genf, Lausanne und an der ETH Zürich.

Die radiometrische Altersabstimmung hat in den vergangenen Jahrzehnten eine neue Dimension in die Erdwissenschaften gebracht, die des absoluten Alters. Dank ihr ist es möglich geworden, die Erdgeschichte mit Zeitmarken zu versehen. Für die Erforschung der Schweiz ist diese neue Methode in folgenden Bereichen von besonderer Bedeutung gewesen:

- Bei der Alterseinstufung der metamorphen Gesteine des Altkristallins, das heisst der geologischen Frühgeschichte der Schweiz (S. 111 ff.);
- bei der Bestimmung des Alters plutonischer und vulkanischer Gesteine;
- bei der Datierung und Unterscheidung verschiederner Phasen der alpinen Metamorphose (S. 111 ff.)
- bei der Klärung der Hebungs- und Abkühlungsgeschichte der Alpen, und
- bei der Gliederung der Spät- und Nacheiszeit, dies dank der Radiokarbonmethode (C14/N14), mit welcher man geologisch junge Alter bis etwa 50'000 Jahre erfassen kann.

Flysch – synorogene, an die Gebirgsbildung gebundene Ablagerungen

Als Flysch bezeichnet man Sedimentgesteine – Breccien, Sandsteine und Tonschiefer – deren Schichtfolgen sich durch raschen und rhythmischen Wechsel auszeichnen. Sie enthalten nur Kleinfossilien. Die Schichtflächen weisen häufig auffallende, ornamentartige Strukturen auf, welche der Spezialist entweder als Strömungmarken oder aber als Frass- und Weidespuren von Tiefseeorganismen wie Würmern oder Schnecken identifiziert *(Abb. 32/1* und */2)*.

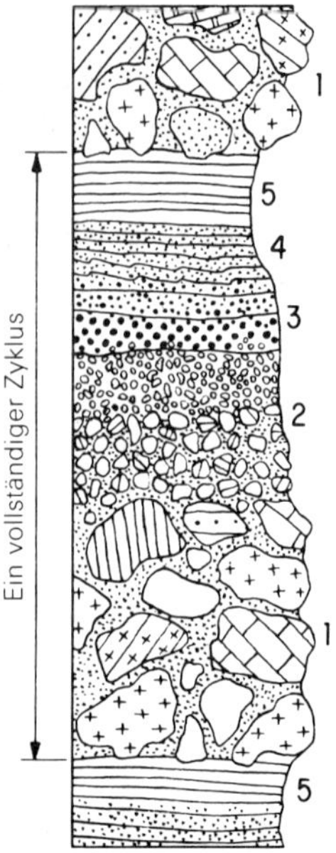

Abb. 31
Schichtung in Flyschsedimenten. Nach einer Skizze in «Encyclopédie illustrée du pays de Vaud».

Abb. 32 ▶
Fliessmarken (1) und Wühlspuren von Würmern (2) im schiefrigen Flysch. Steinbruch Zollhaus FR.

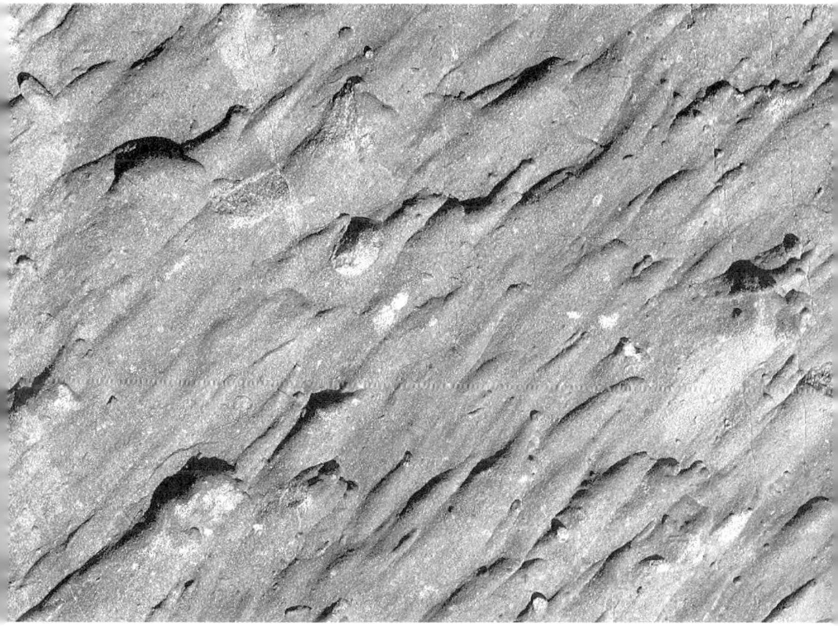

1

2

Eingeführt wurde der Begriff 1827 durch den Geologen Bernhard Studer, nach einem im Berner Oberland gebräuchlichen Ausdruck für diese zu Rutschungen und zum Fliessen neigenden Schichten. Erst viel später hat man erkannt, dass derartige Gesteinsserien typisch sind für Meeresbecken, die sich während Gebirgsbildungen an aktiven Plattengrenzen und Deckenüberschiebungen bilden. Sie treten weltweit in allen grossen Gebirgen auf, lassen sich aber auch heute in Tiefseegräben beobachten. Von dort hat man auch klare Vorstellungen über ihre Entstehung: Berge auf Inselgruppen in der Nachbarschaft tiefer Meeresströge werden abgetragen. Flüsse verfrachten mit kurzem Transportweg (viele Gesteinsbruchstücke sind noch eckig und kaum gerundet!) den Abtragungsschutt auf den hier schmalen Schelf und an den Abhang zur Tiefsee. Hier geraten die Schuttmassen von Zeit zu Zeit, vielleicht unter der Einwirkung von Erdbeben, ins Rutschen und ergiessen

Abb. 33
Die Entstehung von Flyschsedimenten; vgl. Text. Nach einer Vorlage des Naturhistorischen Museums Bern.

sich als untermeerische Schuttlawinen in die Tiefseebecken; man nennt solche wassergesättigten, sich sehr schnell bewegenden Massen Trübeströme oder turbidity currents. Am Meeresboden setzt sich jeweils das gröbere, blockig-sandige, später das feinere, tonige Material ab. Über diese feinsten Schichten legen sich später die untersten, gröbsten des nächsten Trübestroms *(Abb. 31)*. Viele Schichtflächen zeigen noch Spuren des bewegten Wassers *(Abb. 32/1)*. Das von den Inseln eingeschwemmte organische Material ist willkommene Nahrung für die Lebewesen der Tiefseebecken. Sie durchwühlen den weichen Schlamm beim Fressen systematisch und hinterlassen die oben erwähnten Weidespuren *(Abb. 32/2)*.

Flyschsedimente markieren in den Alpen die Periode des grössten Zusammenschubs, gekennzeichnet durch das Auftreten von Inselketten mit benachbarten, sich rasch einengenden tiefen Meeresbecken. Flysch ist meist kurz nach seiner Entstehung in den Deckenbau einbezogen worden; aufgrund seiner Lage an den Bewegungszonen und wegen seinen leicht verformbaren Tonschiefern bildete er oft das Schmiermittel zwischen den einzelnen Decken.

Faltung, Hebung und Abtragung. Für die meisten Menschen sind die Alpen primär nicht ein Deckenstapel, sondern ein landschaftlich attraktives Hochgebirge. An der Entstehung einer solchen Hochgebirgsszenerie sind drei Vorgänge beteiligt: Faltung, Hebung und Abtragung; alle drei sind miteinander verknüpft und voneinander abhängig.
Die ***Faltung*** schafft durch Plattenkollision und Einengung den Deckenbau, die Architektur des Gebirges, nicht aber das Gebirge selbst. Wie gerade etwa die Flyschsedimente beweisen (s. vorangehender Abschnitt), verlief die Deckenbildung während sehr langer Zeit untermeerisch, in der Tiefe. Erst in ihren späteren Phasen, vor etwa 30 Millionen Jahren, haben ***Hebungsvorgänge*** eingesetzt, belegt u. a. durch die Molasseablagerungen im Vorland und durch radiometrische Altersbestimmungen. Mit Hebungsbeträgen von 0,5 mm bis 1 mm pro Jahr dauern sie heute noch an *(Abb. 34)* Man lasse sich nicht durch die geringen Werte täuschen: im Laufe der Jahrmillionen summieren sie sich zu gewaltigen Beträgen von 10 bis 30 km! Nun sind die Alpen natürlich nie so hoch gewesen.

Hebungen sind grossräumige vertikale Aufbeulungen.
Sie können zweierlei Ursachen haben:
A: Hebung als direkte Folge eines gebirgsbildenden, plattentektonischen Vorgangs, beispielsweise das Eindringen des adriatischen Sporns in die europäische Kruste *(Abb. 89,* S. 158).
B: Hebung zur Wiederherstellung einer isostatischen Ausgleichsbewegung: Die kontinentale Kruste schwimmt auf dem dichteren Erdmantel. Die Eintauchtiefe ist, nicht anders als bei einem Schiff, von der Masse, also von der Dicke abhängig. Unter einem Gebirge wird die (ohnehin verdickte) Kruste tief in den Mantel hineingedrückt (s. S. 138). Wird das Gebirge durch Abtragung leichter, wird dieses «Isostatisch» genannte Gleichgewicht gestört, und es setzt eine Hebung ein, wie bei einem Schiff, das beim Entladen aus dem Wasser gehoben wird.
An der Hebung der Alpen sind wahrscheinlich beide Ursachen beteiligt.

Jeder Gebirgszug, welcher über den Meeresspiegel oder eine andere «Erosionsbasis» hinausragt, ist der **Abtragung** unterworfen (vgl. Abschnitt 6, S. 121 ff.). Es wäre falsch, diesen Vorgang als zerstörerisch und destruktiv anzusehen. Das Gegenteil ist der Fall: erst dadurch, dass sich Eis und Wasser synchron mit der Faltung von oben her in den Deckenstapel eingraben, entsteht jenes reich gegliederte Hochgebirgsrelief, welches den Reiz unserer alpinen Landschaft ausmacht! Abtragung, und damit Erhaltung des Hochgebirgscharakters, ist über längere Zeit nur im Zusammenspiel mit Hebung in gleicher Grössenordnung möglich! Dies scheint in den

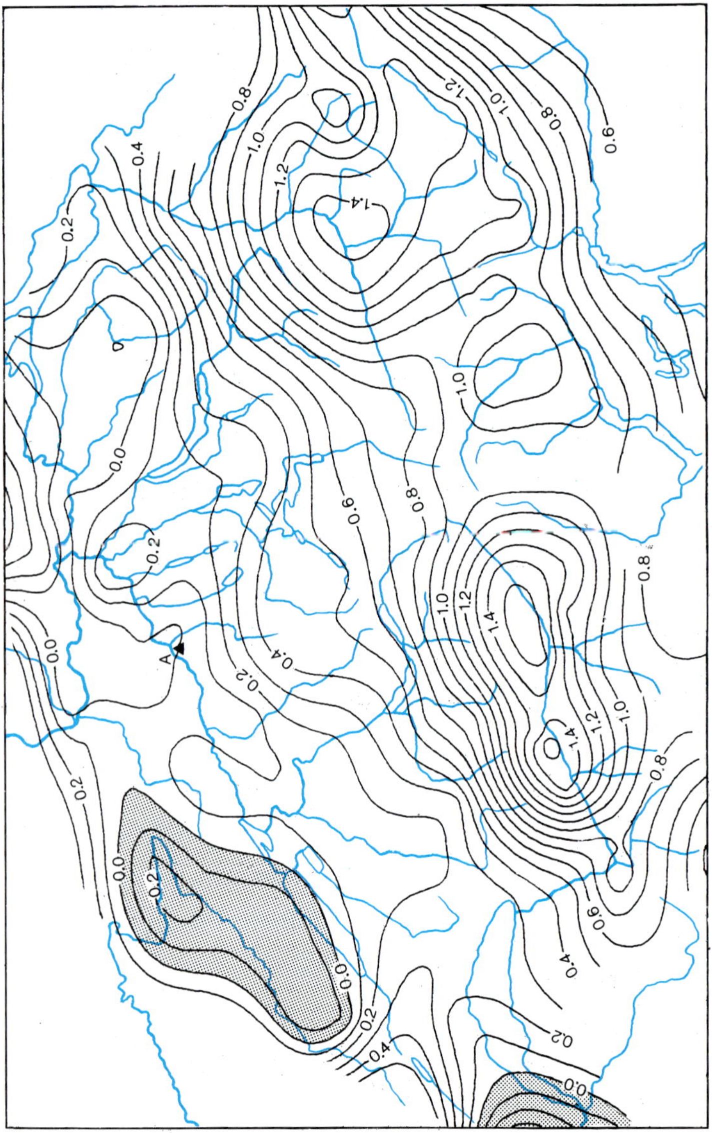

Schweizeralpen gegenwärtig der Fall zu sein; da die Hebung etwas überwiegt, nehmen die Alpen an Höhe zu.
Die Zertalung bringt es mit sich, dass viele tektonische Baueinheiten der Alpen zerstückelt worden sind. Vor allem höhere Einheiten des Deckenstapels liegen heute oft nur noch als isolierte Relikte, sogenannte Klippen, vor. Beispiele sind unter vielen anderen die *Klippen* der Zentralschweiz (S. 100), die mächtige Masse der Préalpes (S. 97) oder die Gipfel der Dent-Blanche-Decke (Matterhorn, Dent-Blanche; *Abb. 54*, S. 96). Man braucht ein gutes räumliches Vorstellungsvermögen und einige Erfahrung, um solche Einzelteile in Gedanken zum früheren Ganzen zusammenfügen zu können. Anderseits kann durch die Zertalung in einem Erosionsloch einer tektonischen Einheit eine tiefere Einheit zutage treten. Solche Fenster sind vor allem in Aufwölbungs- und Kulminationszonen zu finden, Beispiele sind das Unterengadiner Fenster (S. 92), das Fenster von Verampio (S. 88/89) und das Limmernfenster *(Abb. 35)*.

Metamorphose. Durch das Zusammenspiel von Hebung und Abtragung sind Gesteine an die Oberfläche gelangt, welche einmal tief im Innern des Gebirgskörpers versenkt gewesen sind. Es sind heute metamorphe Gesteine, das heisst, ihr ursprünglicher Mineralbestand hat sich den hohen Drücken und Temperaturen angepasst. Ihre Struktur – schiefrig, plattig-gneisig oder gefältet – weist darauf hin, dass Bewegung, Faltung und Mineralneubildung in der Tiefe gleichzeitig vor sich gegangen sind. Aus ihrem heutigen Mineralbestand lassen sich Rückschlüsse auf das Ausgangsgestein einerseits und über Versenkungstiefe und Bildungstemperatur anderseits ziehen. Mehr Informationen im Abschnitt «Alpine Metamorphose» auf S. 109 ff.

◄ *Abb. 34*
Wiederholte Präzisionsvermessungen haben ergeben, dass sich das schweizerische Territorium gegenwärtig unterschiedlich stark hebt oder senkt. Ganz markant ist die Hebungstendenz der Alpen; im Gotthardquerschnitt beispielsweise nimmt der Hebungsbetrag von 0,5 mm/Jahr am Alpenrand (Flüelen) auf maximal 1,1 mm im Nordtessin zu, um am Alpensüdrand wieder rasch abzusinken. Auffallend sind zwei Hebungszentren von 1,4-1,5 mm pro Jahr im Innern der Alpen, eines im Raum Chur, das zweite (mit der erdbebenreichsten Zone der Schweiz zusammenfallend) im Gebiet von Brig/Visp im Wallis. Das Mittelland ist «stationär» mit einer gewissen Tendenz zur Kippung: Senkung im Westen, Hebung im Osten. Die Höhenänderungen sind relativ, das heisst es wurde willkürlich ein Messpunkt (A=Aarburg) als stationär angenommen. Gebiete relativer Absenkung sind gerastert. Kurvendarstellung von Erich Gubler, Bundesamt für Landestopographie, Wabern.

Abb. 35
Am Limmernboden-Stausee GL treten kristalline Gesteine des Aarmassivs als Fenster in einer Umrahmung autochthoner Sedimente zutage. Von unten nach oben folgen sich: Gneis (flachere, grasbewachsene Böschung über dem Seeniveau), Trias (gelbe, kuppelförmig gewölbte Schicht), Lias und Dogger (flache Böschung) und Malm/Kreide (steile Kalkwände).

Abb. 36
Eine Klippe: Das grosse Hockenhorn östlich des Lötschenpasses. Der markante Gipfelaufbau ist der Rest einer auf den Gasterngranit (Steilabstürze links) mit seiner autochthonen Triasbedeckung (Verflachung) überschobenen Kristallinmasse.

Kulminationen und Depressionen. Ungleichmässige Hebung führte im Gebirgskörper zu *Kulminationen* und *Depressionen*. In Kulminationszonen ist das Gebirge bis auf tiefste tektonische Einheiten abgetragen, in Depressionszonen sind hohe tektonische Einheiten erhalten geblieben. In West-Ost-Richtung, der Längs- oder Streichrichtung des Gebirges, ist das Phänomen besonders auffallend, weil die Faltenachsen der Decken gegen die Kulminationen ansteigen und gegen die Depressionen einfallen (Axialkulminationen und -depressionen s. *Abb. 46* und *49)*. So folgen sich von Westen nach Osten die Kulmination Aiguilles-Rouges – Mont-Blanc-Massiv, die Depression Rawil–Dent-Blanche und die mächtige Kulmination Aarmassiv–Gotthardmassiv–Nordtessin. Der ganze Ostteil der Schweiz ist eine einzige grosse Depressionszone mit ostfaltenden Achsen und immer höheren Einheiten, je weiter man nach Osten kommt.

3.3.2. Die Baueinheiten der Alpen

Zentralmassive

Als Massive oder Zentralmassive bezeichnet man in den Alpen traditionellerweise Teile des kristallinen Grundgebirges, welche bei der alpinen Gebirgsbildung zwar gestaucht, in Späne zerlegt, schwach metamorph überprägt, aber nicht in den Deckenbau einbezogen worden sind; sie galten als autochthon, als ortsfest.
Es gibt in der Schweiz vier solcher Komplexe: In der Zentralschweiz das *Aarmassiv* im Norden und das *Gotthardmassiv* im Süden (mit dem dazwischenliegenden *Tavetscher Zwischenmassiv* im Vorderrheintal), in der Westschweiz das *Aiguilles Rouges/Arpille-Massiv* im Norden und das *Mont Blanc-Massiv im Süden*.
Neuere Erkenntnisse über den Unterbau der Alpen zeigen, dass die Autochthonie der Massive keine absolute ist. Wie etwa aus dem Alpenquerschnitt der *Abb. 89* (S. 158) hervorgeht, sind die Massivblöcke als mächtige Krustenspäne entlang von Bewegungsbahnen mehr oder weniger nach Norden verschoben worden.
Es handelt sich bei diesen Massiven um Stücke des alten europäischen Grundgebirges, wie es im Schwarzwald, den Vogesen, unter dem Mittelland und dem Jura und in den Südalpen vorkommt. Anders als die ausseralpinen Teilstücke, die längst zu Mittelgebirgsrümpfen abgetragen worden sind, wurden die Massive bei der alpinen Gebirgsbildung reaktiviert: durch Stauchung und immer noch andauernde Hebung und Abtragung haben diese alten Krustenstücke das Relief eines jungen Hochgebirges bekommen.
Im Prinzip haben alle Massive eine ähnliche Zusammensetzung. Sie bestehen aus einem sehr alten, aus den verschiedensten

metamorphen Gesteinen zusammengesetzten «Altkristallin» und jüngeren magmatischen Gesteinen, meist Graniten mit oder ohne begleitende vulkanische Bildungen.
Die Bildungsgeschichte des Altkristallins ist sehr komplex (s. S. 147); nach unserem heutigen Wissen scheint es Relikte aller europäischen Gebirgsbildungen zu enthalten.
Im Karbon und im Perm waren die Massive Festland und starker Abtragung unterworfen. Einzelne Granitkörper wie etwa der Gasterngranit, waren bereits zu jener Zeit freigelegt und permischer Wüstenverwitterung ausgesetzt. Der kontinentale Abtragungsschutt, Konglomerate, Sandsteine, Tonschiefer, zusammen mit vulkanischen Auswurfprodukten und Kohlelagen in Becken abgelagert, ist heute noch in einzelnen Massiven als eingefaltete Mulden erhalten geblieben.
Während des Mesozoikums bildeten die Massivgesteine den Meeresboden unter dem Schelf des helvetischen und ultrahelvetischen Ablagerungsraumes (s. *Abb. 30*, S. 58). Die vor allem an den nördlichsten Massivrändern erhaltenen, autochthonen, helvetischen Sedimente bezeugen dies auf eindrückliche Art und Weise *(Abb. 37)*.
Im folgenden sollen die einzelnen Massive kurz charakterisiert werden:

Das **Aarmassiv.** Dieses grösste Zentralmassiv gliedert sich von Nord nach Süd in folgende langgestreckte Zonen *(Abb. 39):*

1. *Lauterbrunner- und Innertkirchner-Kristallin.* Die eigenartigen, von Gneisschollen durchsetzten granitischen Gesteine dieses Komplexes sind bei der kaledonischen Gebirgsbildung durch teilweise Aufschmelzung älterer Gesteine entstanden; es sind eigentliche Migmatite. Im Südwesten werden sie vom karbonischen Gasterngranit durchbrochen.
2. *Altkristallin nördlich des Aaregranits* («nördliche Gneise», zum Teil «Erstfeldergneise»). Es herrschen monotone Gneise vor, mit Einschaltungen von Marmor- und Kalksilikatfelslinsen. Die sehr verbreiteten Amphibolite, welche unter anderem das Finsteraarhorn aufbauen, werden zum Teil als umgewandelte, uralte ozeanische Basalte gedeutet. Die begleitenden Serpentinitlinsen könnten Überreste von Peridotitspänen eines oberen Mantels sein.
3. Der *Zentrale Aaregranit* bildet das langgestreckte Rückgrat des Massivs. Mit seinen über 500 km^2 ist es der grösste Granitkörper der Schweiz, mit einer Länge von über 100 km und einer maximalen Breite von 8–9 km im Raum Grimsel-Göscheneralp–Reusstal; hier hat die Erosion eine der grossartigsten Granitlandschaften der Welt herausgearbeitet (s. *Abb. 38* und *73)*. Der Hauptmasse des Granits, vor genau 300 Millionen Jahren eingedrungen, sind am Ostrand die etwa 30 Millionen Jahre älteren, kleineren, aber interessanten Eruptiv-

Abb. 37
Auflagerung autochthoner, mesozoischer Sedimente am Nordrand des Aarmassivs (Gstellihorn/Urbachtal, Kanton Bern). Die kristallinen Gesteine bilden den Sockel des Berges mit der flachen Böschung und den Schutthalden. Darüber legt sich das schmale Band der Triassedimente (Dolomit und Sandstein); die steilen Wände darüber bestehen aus Malmkalk («Hochgebirgskalk»).

stöcke des Giuv-Syenits *(Abb. 40/5)* und des Puntegliasgranits angegliedert. Bekanntester Zeuge des gleichzeitigen Vulkanismus ist der Windgällen-Porphyr im urnerischen Maderanertal *(Abb. 41/4).*
4. Die *Südliche Gneiszone* enthält neben mannigfachen Einlagerungen einen hohen Anteil von Augengneis.

Infolge der ehemaligen, heute abgetragenen Überlagerung durch die helvetischen, penninischen und ostalpinen Decken sind alle Gesteine des Aarmassivs schwach metamorph (Grünschieferfazies, vgl. *Abb. 61*, S. 110 und *Abb. 63*, S. 113). Eine Folge dieser metamorphen Überprägung und der gleichzeitigen Verschieferung sind die alpinen Zerrklüfte und ihre Mineralien (Abschnitt 5).

Im Aarmassiv finden sich Blei-Zink-Erze (Goppenstein, Trachsellauenen, Bristenstock) und Molybdänerze (Baltschiedertal). Im Lötschental, am Wendenjoch und am Tödi sind Karbongesteine eingefaltet. Das Aarmassiv taucht mit Ausnahme des Südrandes allseitig kuppelartig ab. An seinem Nordrand kamen bei der Überschiebung der helvetischen Decken Teile des Kristallins auf die

Abb. 38
Granitintrusion. Am Nordrand des zentralen Aaregranits (helle Felsen im Vordergrund) ist der Mittagfluhgranit (heller Felszahn der Mittagfluh in der Bildmitte) in das braunrot anwitternde Altkristallin des Aarmassivs eingedrungen. Grimselpass, Blick aus der Region Handegg nordwärts Richtung Guttannen.

Abb. 39 ▶
Geologische Karte der Aarmassiv-Gotthardmassiv-Region.

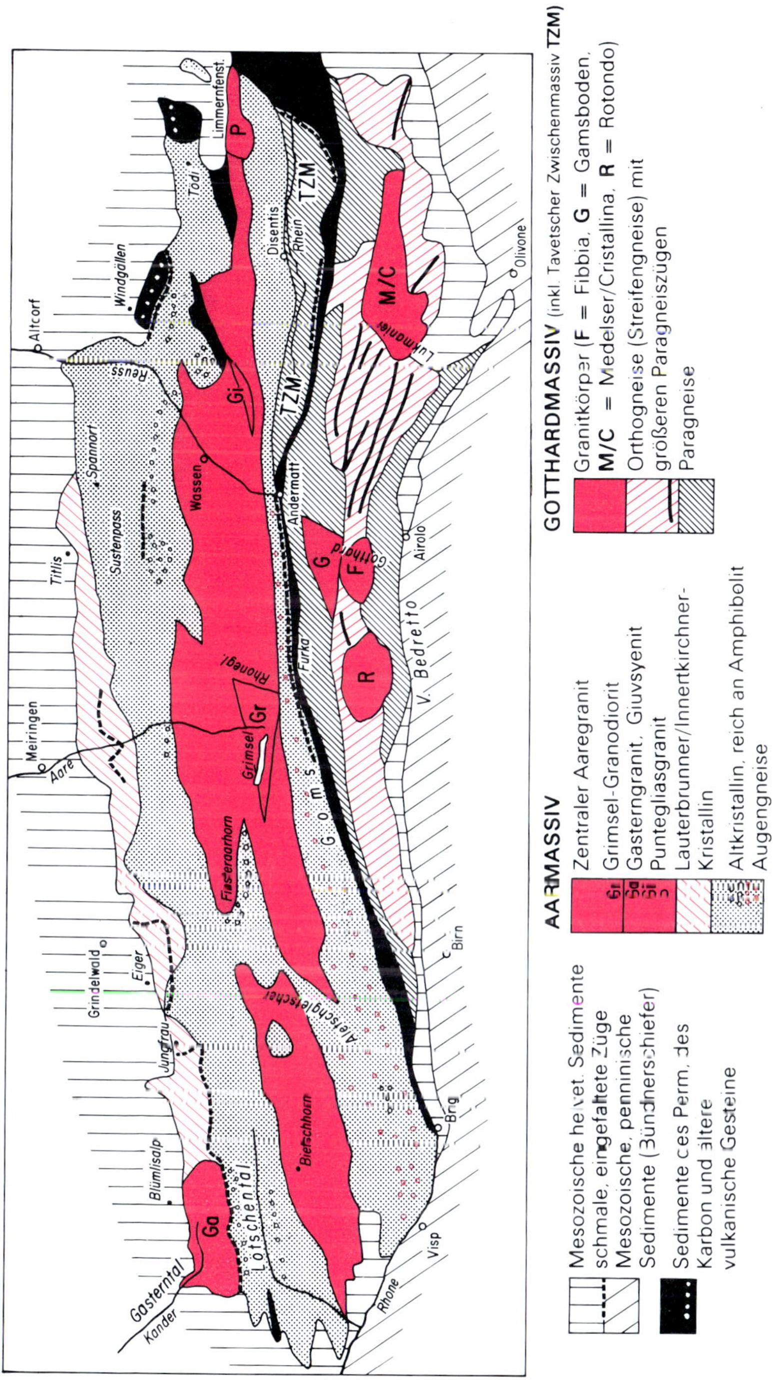

Altdorf
Windgällen
Tödi
Limmernfenst.
P
Disentis
Rhein
TZM
Olivone
M/C
Lukmanier
Reuss
Spannort
Sustenpass
Titlis
Wassen
Gi
Andermatt
G
F
Gotthard
Airolo
V. Bedretto
R
Furka
Rhonegl.
Gr
Grimsel
Meiringen
Aare
Finsteraarhorn
Goms
Grindelwald
Eiger
Jungfrau
Aletschgletscher
Brig
Bietschhorn
Blümlisalp
Ga
Lötschental
Gasterntal
Kander
Rhone
Visp
Mesozoische helvet. Sedimente
schmale, eingefaltete Züge
Mesozoische, penninische Sedimente (Bündnerschiefer)
Sedimente des Perm, des Karbon und ältere vulkanische Gesteine
AARMASSIV
Gr Zentraler Aaregranit
Ga Gi Grimsel-Granodiorit
Gasterngranit, Giuvsyenit
P Punteglíasgranit
Lauterbrunner/Innertkirchner-Kristallin
Altkristallin, reich an Amphibolit
Augengneise
GOTTHARDMASSIV (inkl. Tavetscher Zwischenmassiv TZM)
Granitkörper (F = Fibbia, G = Gamsboden, M/C = Medelser/Cristallina, R = Rotondo)
Orthogneise (Streifengneise) mit größeren Paragneiszügen
Paragneise

autochthonen Sedimente zu liegen. Dies führte bei ihrer Entdekkung im 19. Jahrhundert zu heftigen Kontroversen. Viele Gipfel der vom Mittelland aus sichtbaren berühmten Berner Hochalpenkette tragen eine Kappe von derartig überschobenem Kristallin als Klippen, so zum Beispiel Wetterhorn, Mönch, Jungfrau und andere, westlich anschliessende Gipfel wie beispielsweise das Hockenhorn *(Abb. 36,* S. 68). An seinem Südrand grenzt das Massiv an die *Urserenzone.* Dieser steile, schmale, aber bedeutsame Zug Mesozoikum trennt längs der Furche Rhonetal, Urserental und Vorderrheintal das Aarmassiv vom Gotthardmassiv. In dieser Grenzzone finden sich junge, zum Teil heute noch aktive Bruchzonen.

Das ***Gotthardmassiv*** wurde bei der alpinen Gebirgsbildung wesentlich stärker in Mitleidenschaft gezogen als sein nördlicher Nachbar, das Aarmassiv. Dies äussert sich an den fast senkrechtstehenden Kontakten zu den helvetischen Sedimenten an den Massivrändern, an der starken internen Verschieferung und am höheren Metamorphosegrad (Grünschieferfazies bis hart an die Grenze der Amphibolitfazies; vgl. *Abb. 63,* S. 113). Man könnte das Gotthardmassiv etwas pointiert als «Decke mit senkrechten Strukturen» bezeichnen. Der Begriff «Gottharddecke» ist übrigens schon vor vielen Jahrzehnten in der geologischen Literatur aufgetaucht. Auch dieses Massiv lässt sich grob in massivparallele Zonen gliedern:

1. Die sogenannte *«Nördliche Paragneiszone»* besteht mehrheitlich aus Glimmerschiefern *(Abb. 50/6,* S. 90). Interessanter sind die sehr vielfältigen Einlagerungen wie Kalksilikatfels, Serpentinit/Peridotit, Amphibolit, Gabbro, Eklogit usw. In diesen Relikten konnte in jüngster Zeit ein Metamorphosezyklus kaledonischen oder höheren Alters nachgewiesen werden. Er ist verbunden mit dem Auftreten von sehr hochmetamorphen Gesteinen (Eklogit- und Granulitfazies, s. *Abb. 61,* S. 110); die räumliche Verknüpfung mit Gabbro und Serpentinit/Peridotit (ozeanische Kruste und Mantel) könnte auf uralte Subduktionsvorgänge schliessen lassen.
2. In einer *zentralen Orthogneiszone* dominiert der «Streifengneis», ein metamorpher Granit kaledonischen Alters, der sicher jünger ist als die oben beschriebene Metamorphose. Auf die vielen, zwischen Gotthardpass und Lukmanierpass darin eingelagerten, parallelen, interessanten Gesteinszonen kann hier nicht eingegangen werden.
3. In der *südlichen Paragneiszone* finden sich u.a. die schönen Hornblende-Granat-Schiefer – «Garbenschiefer» – der Tremola-Serie.

   Die *stockförmigen, variszischen Granitkörper* bilden zwei Zentren. Im Gebiet des Gotthardpasses sind es der Gamsbodengranit und der Fibbiagranit, beide stark alpin vergneist, sowie

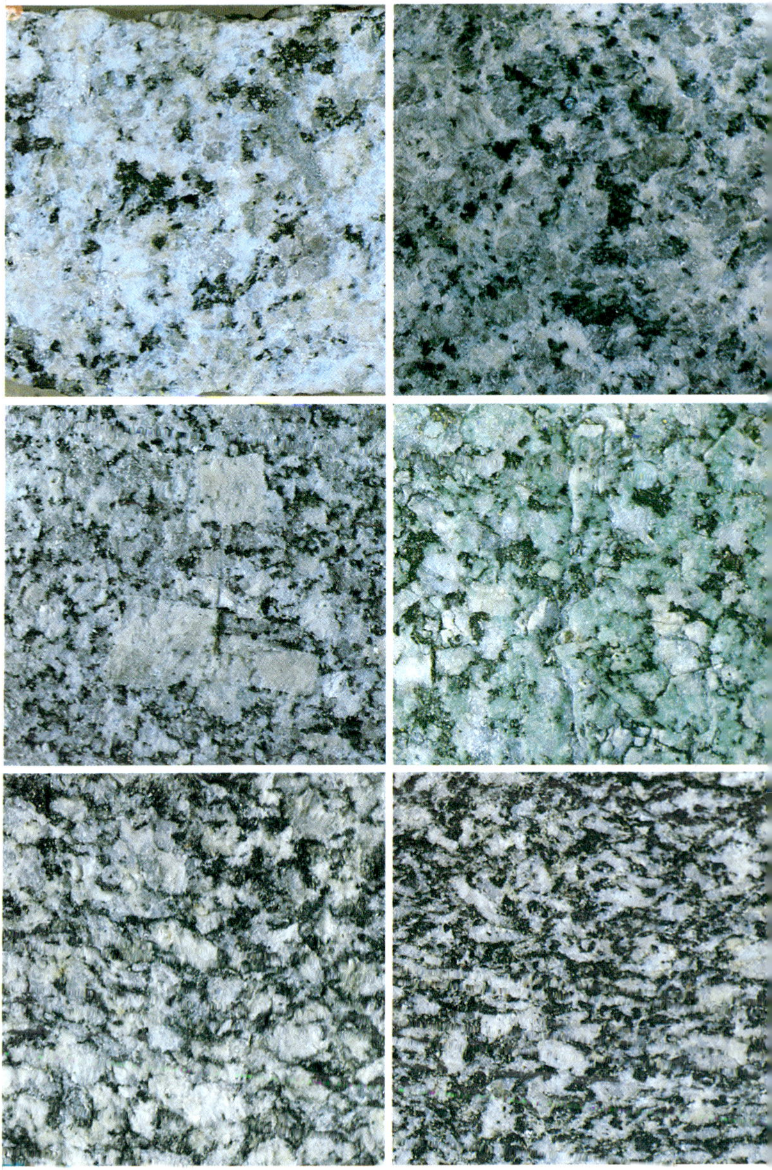

Abb. 40
Magmatische Gesteine der Alpen I:
1 (ol): Aaregranit (Aarmassiv).
2 (or): Mont Blanc-Granit (Mont Blanc-Massiv).
3 (ml): Bergellergranit.
4 (mr): Juliergranit (Err-Bernina-Decke).
5 (ul): Grimsel-Granodiorit (Aarmassiv).
5 (ur): Giuv-Syenit (Aarmassiv).

der massige Rotondogranit. Am Lukmanierpass bilden der Medelser Granit und der etwas jüngere Cristallina-Granodiorit das zweite Zentrum. Sie sind zu einem einzigen Eruptivstock verzahnt.

Das ***Tavetscher Zwischenmassiv,*** das sich im Vorderrheintal zwischen Aarmassiv und Gotthardmassiv schiebt, besteht aus Paragneisen. Vom Gotthardmassiv wird es durch einen Zug mesozoischer und permischer Gesteine getrennt. Es ist der Wurzelbereich der helvetischen Decken der Ostschweiz und des Glarner Verrucano. Bei der Gebirgsbildung muss es eine sehr starke Einengung erfahren haben.

Das ***Aiguilles Rouges-/Arpille-Massiv.*** Sein Altkristallin besteht aus Paragneisen und Glimmerschiefern mit Einlagerungen von Quarzit, Marmor, Kalksilikatfels und Amphibolit; dazu kommen grössere Areale von Augengneis (Orthogneis). Die Entstehungsgeschichte ist komplex. Eine ältere Metamorphose in Hochdruckfazies – mit Eklogiten – wird als kaledonisch angesehen, eine jüngere als variszisch. Der Granit von Fully im Osten entspricht weitgehend dem Lauterbrunner- und Innertkirchner-Kristallin des Aarmassivs. Das Alter des schmalen und langgestreckten Vallorcinegranits konnte noch nicht zweifelsfrei bestimmt werden. Ein eigentlicher Zentralgranit fehlt. Kontaktmetamorphose und eine Häufung von Ganggesteinen wie Aplit und Pegmatit lassen im Arpillemassiv einen Granit in geringer Tiefe vermuten. Die Karbon/Perm-Mulde von Salvan-Dorénaz trennt dieses kleine Arpillemassiv vom grösseren Aiguilles Rouges-Massiv ab. Von alpiner Tektonik sind beide Teilmassive weitgehend verschont geblieben. Bemerkenswert sind Vorkommen von Gold, Arsen, Uran und Blei/Zink.

Das ***Mont Blanc-Massiv.*** Sein Altkristallin entspricht weitgehend demjenigen des Aiguilles Rouges-Massivs, sieht man von der sehr intensiven alpinen Verschieferung ab. Der Granit von Montenvers ist das Pendant zum Vallorcinegranit. Viel bedeutsamer ist aber mit dem Mont Blanc-Granit ein mächtiger variszischer Zentralgranit, der rund die Hälfte der Massivfläche einnimmt. Auf schweizerischem, französischem und italienischem Gebiet baut er prachtvolle, weltberühmte Granitberge auf, kulminierend im Mont Blanc. An seinem Ostrand wird der Granit von jüngeren, permischen, vulkanischen Gesteinen – Rhyolithen – überlagert. Am Nordostende, am Mont Chemin südlich von Martigny, finden sich Eisenerz- und Flussspatvorkommen.
Die beiden Westschweizer Massive werden getrennt durch die Mulde von Chamonix–Martigny. Dieser Zug von steilstehendem Mesozoikum entspricht der Wurzel der Morclesdecke.

Abb. 41

Magmatische Gesteine der Alpen II:

1 (ol): Tonalit (Wurzelzone, östlich von Giubiasco TI).

2 (or): Allalin-Gabbro (Zone Zermatt–Saas Fee).

3 (ml): Granophyr (Morcote-Halbinsel).

4 (mr): Windgällen-Porphyr (Aarmassiv).

5 (unten): Pillow-Lava (Alp Flix GR, Plattadecke). Bildbreite ca. 80 cm.

Helvetische Decken

Die helvetischen Decken bauen ein grosses, geschlossenes Gebiet nordwestlich der Zentralmassive zwischen Rhonetal und Rheintal auf. Im Wildhorngebiet bilden sie die wichtige Wasserscheide zwischen Rhone und Saane/Simme, im Raum Thunersee–Rheintal den Alpennordrand.

Ausschliesslich Sedimente. Die helvetischen Decken bestehen ausschliesslich aus Sedimenten mesozoischen, tertiären sowie – im Osten – permischen Alters. Das mesozoische Schichtpaket, unverfaltet zwischen 0,6 und 2 km mächtig, entspricht in vielem demjenigen des Juragebirges und des Mittellandes. Dies ist nicht weiter erstaunlich, sind doch alle drei auf dem Schelf am Nordrand der Tethys abgelagert worden (s. *Abb. 89).* Südlich an den helvetischen schliesst in allmählich tiefer werdendem Wasser der ultrahelvetische Ablagerungsraum an, in dem die Sedimente durchwegs toniger und mergeliger werden.

Klassische Abscherungsdecken. Die helvetischen Sedimente sind in einer relativ späten Phase der alpinen Gebirgsbildung von ihrem kristallinen Untergrund abgeschürft und als Abscherungsdecken 30 bis 50 km nach Nordwesten verfrachtet worden. Der Vorgang konnte in mehrere Phasen gegliedert werden, von der frühen Bildung liegender Falten über eine Phase der bedeutenden Verfrachtung und Überschiebung, verbunden mit einem Zergleiten des Schichtstapels unter Bildung der Decken bis zum abschliessenden Überfahren der Molasse (S. 157). Der ganze Vorgang dauerte rund 25 Millionen Jahre, vom mittleren Oligozän bis Ende Miozän/Anfang Pliozän.
Über dem Kristallin der Zentralmassive, vor allem am Nordrand des Aarmassivs und des Aiguilles Rouges-Massivs, finden sich noch an Ort und Stelle verbliebene (autochthone) helvetische Schichten *(Abb. 35,* S. 68; *Abb. 37,* S. 71). Andere sind unter dem Deckenstapel nur unweit verschleppt worden und werden daher als parautochthon bezeichnet. Dazu gehören insbesondere die Deckfalten der Morcles- und der Doldenhorndecke.

Schichtung und Faltung. Wie die Falten des Juras sind auch die helvetischen vom unterschiedlichen Verhalten der Schichten geprägt. Die starren, kompetenten Kalksteine, darunter als wichtigste der Schrattenkalk der Kreide und der Malmkalk, bilden das Gerüst der Faltung, die plastischen Mergel und Tonschiefer das Füll- und Schmiermaterial. Das führte unter anderem dazu, dass das Schichtpaket ein und derselben Decke während des Transports auf inkompetenten Schichten zergleiten konnte. Diese Erscheinung nennt man Stockwerktektonik. So gibt es in der Wildhorndecke im Berner Oberland ein frontales, nordwestliches

Abb. 42
Nordwärts überliegende Falten im Dogger-Kalkstein der Wildhorndecke bei Brienz BE.

Kreidestockwerk, das sich auf den Mergeln der unteren Kreide von einem rückwärtigen, zurückgebliebenen Jura-(Dogger-Malm) Stockwerk gelöst hat *(Abb. 44/4*, vgl. auch *Abb. 44/s*

Trotzdem haben sich im Juragebirge und im Helvetikum ganz unterschiedliche Faltungsstile entwickelt. Im Jura sind die Kalksteine bei der Faltung zerbrochen, in den Alpen haben sie sich viel plastischer verhalten; verantwortlich dafür sind die infolge der Überlagerung durch die penninischen Decken höheren Temperaturen und Drücke. In den südlichen Teilen der helvetischen Dekken ist es dadurch sogar zu schwacher Metamorphose gekommen (Anchifazies, s. *Abb. 63,* S. 113).
Die für helvetische Kalksteine so typischen und auffallenden Scharen von hellen Adern beweisen, dass es auch hier bei der Faltung nicht ohne Zerbrechen abgegangen ist. Beim Faltungsvorgang sind in den Kalkbänken offene Kluft- und Spaltensysteme aufgerissen; später sind sie mit reinem, weissem Calcit (abgesetzt aus zirkulierenden heissen Wässern) wieder vollständig ausgefüllt worden.
Nirgendwo in den Alpen sind Schichtung und Faltung so klar erkennbar wie im Helvetikum. Die nach Norden überliegenden Falten der Dent de Morcles, des Wildhorn-Diablerets-Gebiets *(Abb. 29)*, des Haslitals und beider Seiten des Urnersees sind ebenso eindrucksvoll wie die enggepressten des Alpsteinmassivs. Die

Abb. 43
Zwei Belemniten (Malm). Intaktes Stück aus dem Juragebirge neben einem bei der Faltung zerrissenen und mit hellem Calcit ausgeheilten aus dem Helvetikum (Engelbergertal OW).

Tertiär	Oligozän	Flysch (Sandstein, Schiefer); Taveyannaz-Sandstein; Mergel mit Globigerinen	
	Eozän	Kalk und Sandstein mit Nummuliten Bohnerz (Siderolithbildungen), Festland!	
Kreide	obere Kreide	«Wangschichten» «Amdenerschichten» «Seewerkalk» «Seewermergel» «Gault»-Sandstein mit Glaukonit	Vielfach wiederholte Sedimentationsabfolgen Glaukonitschichten-Mergel-Flachwasserkalk (Sequenzen) infolge relativer Meeresspiegelschwankungen
	Aptien	«Schrattenkalk»	
	Barremien	«Drusbergschichten» (Mergel/Kalk)	
	Hauterivien	«Kieselkalk»	
	Valanginien	«Betliskalk» (Flachwasserkalk) «Vitznaumergel» (Flachwassermergel)	
	Berriasien	«Oehrlikalk» (Flachwasserkalk mit Korallen) «Palfrismergel» (Tiefwassermergel und -ton)	
Malm	Tithonien Kimmeridgien Oxfordien	«Zementsteinschichten» (Wechsel Mergel/Kalk) «Quintnerkalk», «Hochgebirgskalk» Schiefer und Mergelschiefer	
Dogger	Callovien Bathonien Bajocien Aalenien	Echinodermenbreccien, Sandsteine (oft eisenreich), Eisenoolith («Blegioolith» des Callovien) und Schiefer	
Lias		Ton, Mergel, Kalkstein, Sandstein	
Trias	Keuper Muschelkalk Buntsandstein	«Quartenschiefer» «Rötidolomit» «Melsersandstein»	Sandstein, Dolomit, Gips Rauhwacke, Tonschiefer Mergel
Perm		«Verrucano»: Konglomerat, Fanglomerat, Sandstein, vulkanische Gesteine	
Kar-bon		Konglomerat, Sandstein, Tonschiefer, Kohle	
Kristallines Grundgebirge der Zentralmassive			

Tabelle 3
Die Schichtfolge des Helvetikums (halbschematische Übersicht). Viele Schichten treten nicht in allen Decken auf: Sie fehlen entweder primär, indem sie gar nicht abgelagert wurden, oder sekundär, weil sie nicht in den Faltenbau einbezogen wurden. So hat jede Decke schliesslich ihre eigene, charakteristische Schichtfolge (vgl. *Abb. 44)*. Ferner können gleichaltrige Schichten verschiedener Decken ungleich ausgebildet sein, weil die Decken ja auch aus verschiedenen Teilen des Sedimentationsraumes stammen. So entsprechen häufig Kalksteine in den tieferen Decken gleichaltrigen Mergeln der höheren Einheiten (tieferes Meer mit tonigeren Ablagerungen im Süden des helvetischen Schelfs). Die für die Faltung so bedeutsamen kompetenten Schichtglieder sind in *Abb. 44* aufgeführt.

gebänderten, plattigen Kalkschichten der helvetischen Sedimente prägen den Charakter vieler Berggipfel, die zu den bekanntesten und meistbesuchten der Alpen gehören: Dents du Midi, Diablerets, Wildhorn, Wildstrubel, Lohner, Balmhorn, Altels, Doldenhorn, Blümlisalp, Gspaltenhorn, Eiger, Wetterhorn, Engelhörner, Sigriswilergrat, Niederhorn, Hohgant, Brienzer Rothorn, Titlis, Pilatus, Bürgenstock, Churfirsten und Säntis!

Ultrahelvetikum. Im Südteil des helvetischen Schelfs abgelagert, sind die ultrahelvetischen Sedimente bei der Gebirgsbildung schon früh auf die noch ungefalteten helvetischen geschoben worden. Sie bestehen vorwiegend aus inkompetenten Gesteinen: Mergel, Gips, schiefriger Flysch. Bei der Bildung der helvetischen Decken wurden diese Gesteine passiv mitverfaltet, wobei sie vielfach als Gleitschichten in Abscher- und Überschiebungshorizonten dienten. Daher bilden sie kaum eigene, ultrahelvetische Decken, sondern finden sich in unterschiedlichster Position über, vor, zwischen und unter den helvetischen Decken. Wegen ihrer weichen Gesteine haben sich entlang solcher langgestreckter schmaler Zonen vielfach Täler und Pässe eingetieft. Das bekannteste Beispiel ist die sogenannte Sattelzone (Zone des Cols) zwischen dem unteren Rhonetal und dem Thunersee mit den Übergängen Col du Pillon, Trüttlisbergpass und Hahnenmoospass.

Querschnitte durch die helvetischen Decken. Anhand einer Profilserie *(Abb. 44)* sollen die helvetischen Decken von West nach Ost kurz beschrieben werden. Aus den juraähnlichen Falten des französischen Alpenvorlandes entwickelt sich im Unterwallis die parautochthone Deckfalte der *Morclesdecke (Abb. 44/1).* Im Diablerets- und Wildhorngebiet legen sich darüber die *Diablerets-Gellihorn-* und die Wildhorndecke *(Abb. 44/1* und *44/2)*; alle drei wurzeln im Rhonetal. Im Querschnitt Kiental–Gspaltenhorn *(Abb. 44/3)* drängen die Gellihorn- und die Wildhorndecke immer weiter nach Norden. Dies hängt einerseits mit dem auftauchenden Aarmassiv im Hinterland und anderseits mit dem Aussetzen der Préalpes am Thunersee zusammen. Im Raum Kandersteg baut die *Doldenhorndecke*, an den Aarmassiv-Nordrücken anlehnend, mit Balmhorn, Altels, Doldenhorn und Blümlisalp die höchsten Kalkberge der Schweiz auf; gegen Osten verkümmert sie rasch. Im Schnitt *Sigriswilergrat–Mönch (Abb. 44/4)* dominiert die Wildhorndecke. Am Alpennordrand hat ihre aus aufsteigenden Kreidefalten bestehende Randkette die subalpine Molasse überfahren.

Abb. 44 ▸
Querprofile durch die helvetischen Decken, von Westen nach Osten. Dargestellt sind nur die kompetenten Schichtglieder, die das Gerüst der Falten bilden.

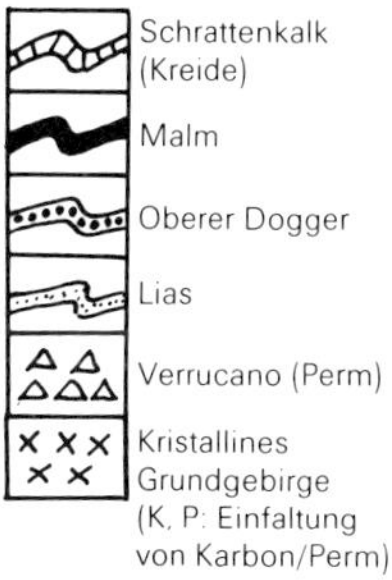

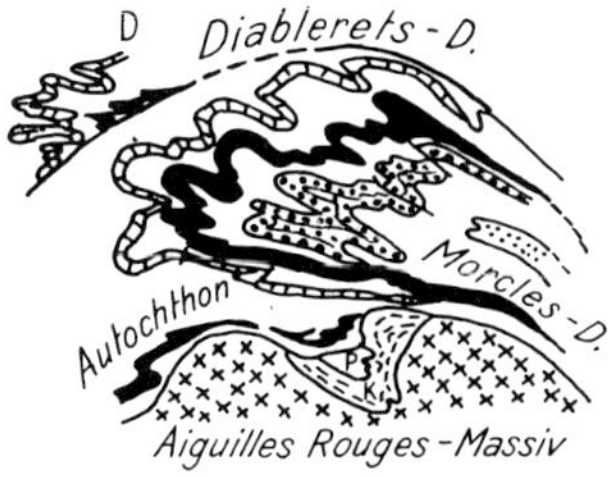

1. Dent de Morcles — Diablerets (D)

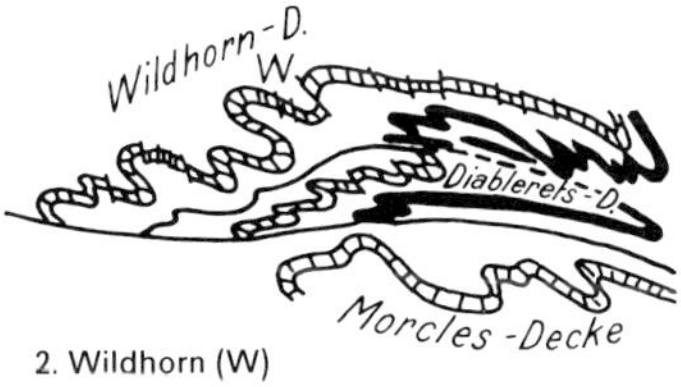

2. Wildhorn (W)

3. Kiental — Gspaltenhorn

4. Sigriswilergrat (S) — Schynige Platte (Sch) — Mönch

5. Pilatus — Titlis

6. Rigihochfluh (R) — Windgällen (W)

7. Amden — Sardona

8. Säntis — Alvier

Abb. 45
Die Falten des Säntis von Westen (s. auch Abb. 44/8).

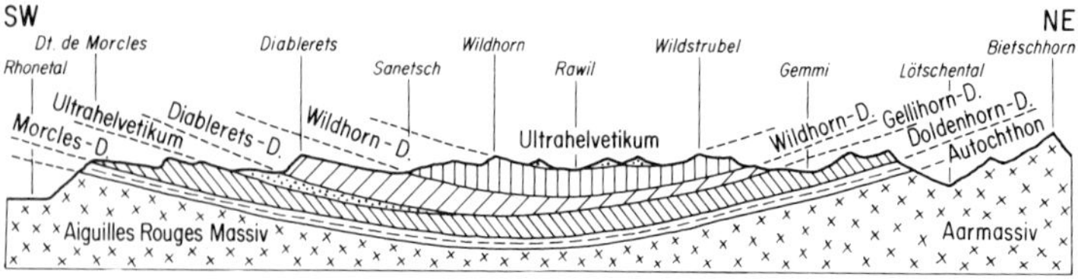

Abb. 46
Längsschnitt St-Maurice–Lötschental durch die Rawil-Axialdepression der helvetischen Decken (s. Text S. 69).

Die Randkette lässt sich vom Sigriswilergrat über die Schrattenfluh und den Pilatus bis zur Rigihochfluh verfolgen. Vom bernischen und luzernischen Mittelland aus beeindruckt sie als vorderstes

Abb. 47
Die «Glarner Überschiebung» in den Tschingelhörnern am Segnespass. Die horizontale Gesteinsgrenze entspricht der Fläche, an der bei der alpinen Gebirgsbildung ältere Gesteine, nämlich permischer Verrucano, über viel jüngere Flyschsedimente geschoben worden sind.

alpines Bollwerk. Im Bereich Pilatus–Titlis *(Abb. 44/5)* und *Rigihochfluh–Windgällen (Urnerseeprofil Abb. 44/6)* lösen die *Axendecke* (Jura) und die *Drusbergdecke* (Kreide) die Wildhorndecke ab. Im Glarnerland schliesslich ändert sich das Bild grundlegend. Als mächtige, über 200 km² grosse und bis 1600 m dicke Platte sind hier permische Sedimente (Verrucano: rote Konglomerate, Sandsteine, Schiefer mit Ergussgesteinslagen) aus dem Tavetscher Zwischenmassiv 45 km weit auf jüngere Gesteine überschoben worden *(Abb. 47)*. An der Stirn dieser Glarner Überschiebungsmasse ist das Mesozoikum in der *Murtschendecke* (Dogger/Malm) und der *Säntisdecke* (Kreide) angehäuft *(Abb. 44/7)*. Das Profil Säntis – Alvier *(Abb. 44/8)* zeigt eine extreme Stockwerktektonik mit der Bildung je einer Verrucano/Trias-, Lias-, Dogger/Malm- und einer Kreidedecke. Auffallendstes Bauelement ist hier der Alpstein mit seinen phantastischen Stauchfalten *(Abb. 45)*. Östlich des Rheintals werden die helvetischen Decken von den ostalpinen Schubmassen überdeckt.

Penninische Decken

Die penninische Region umfasst hauptsächlich ein grosses geschlossenes Gebiet mit den *Walliser Alpen südlich der Rhone* (nach denen sie benannt wurde), dem *Nordtessin* und dem *Westteil Graubündens* bis und mit Prättigau, Oberhalbstein und Malojapass. Penninische Gesteine finden sich ferner im Unterengadin in einem tektonischen Fenster unter den ostalpinen Decken und in den Klippen der West- und der Zentralschweiz über helvetischen und ultrahelvetischen Decken.

Kristalliner Untergrund mitgefaltet. Die Gesteine des Penninikums entstammen den Meeresbecken beidseits der Briançonnais-Schwelle *(Abb. 53* und *88)*. Die Faltung hat hier, anders als im Helvetikum, den kristallinen Sockel miterfasst. Zwar sind auch hier die meisten Sedimente vom Untergrund abgeschert und als reine Sedimentdecken weit nach Norden verfrachtet worden; aber auch das mit Resten der Sedimente im Süden zurückgebliebene Kristallin der europäischen Kruste ist in den Deckenbau einbezogen worden.
Bei allen Unterschieden im Detail sind viele dieser Kristallindecken ähnlich gebaut: es sind kilometerdicke, nach Norden schauende Deckfalten oder Platten aus Gneis; die Überschiebungsbeträge erreichen 50 km. Oft sind die einzelnen Decken nur durch schmale Sedimentzonen – Deckenscheider genannt – getrennt. Im Gegensatz zu den Zentralmassiven liegt die Gneisbänderung und -schieferung flach. Der Falten- und Deckenbau ist im Gelände viel weniger auffallend als im Helvetikum. Vor allem in den tieferen penninischen Decken war die Faltung von einer durchgreifenden Neukristallisation der Gesteine begleitet, was sich am einzelnen Handstück durch Schieferung, Fältelung oder Striemung bemerkbar macht.

Die *penninischen Sedimente* können nach ihrer Lage im ehemaligen Meeresbecken und der heutigen Situation im Deckenstapel dreigeteilt werden (vgl. dazu *Abb. 88*, S. 153):

a) *Die Bündnerschiefer des Wallisertrogs* sind, abgesehen von den Vorkommen als Deckenscheider, in grossen Massen an der Nordfront der Kristallindecken südlich und östlich des Gotthardmassivs angehäuft. Ihre weichen Kalk- und Tonschiefer bilden die Berge zwischen Brig und Nufenenpass *(Abb. 48)*, im Bedrettotal, Safiental, Hinterrheintal, Domleschg, Schanfigg und Prättigau.
b) *Die Kalksteine und Breccien der Briançonnais-Schwelle* finden sich zum kleineren Teil noch zusammen mit ihrer kristallinen Unterlage, zum Beispiel in der Bernharddecke.
Zum weitaus grösseren Teil sind sie in den Klippen der West- und Zentralschweiz und in den Falknis-, Sulzfluh- und Scham-

serdecken Graubündens weit nach Norden überschoben worden.

c) *Die Bündnerschiefer und Radiolarite des Piemonttroges* (S. 153) bilden zusammen mit ihren Ophiolithen – Basalte, Gabbros und Serpentinite der unterlagernden ozeanischen Kruste – die höchsten penninischen Einheiten. Es ist dies eine Zone von besonderer Bedeutung: die verfalteten Überreste eines grösstenteils subduzierten Ozeans (S. 144), die Nahtstelle («Sutur») zwischen dem früheren europäischen und dem afrikanischen Kontinent.

Der Alpensüdrand: Insubrische Linie und Wurzelzone. Im Tessin (wie auch westlich und östlich davon auf italienischem Gebiet) biegen die Südenden der penninischen und der ostalpinen Decken unvermittelt von flacher in steile Lagerung um. Diesen Bereich bezeichnet man traditionellerweise als Wurzelzone, zur Unterscheidung von der nördlicheren helvetischen als penninisch-ostalpine. Detailuntersuchungen zeigen, dass die Zone sehr kompliziert gebaut ist, dass ganz verschiedenartige Gesteinskomplexe ineinander verzahnt und verfaltet sind. Man ist heute der Meinung, dass die Entstehung dieser «südlichen Steilzone» jünger ist als die Deckenbildung und mit Bewegungen entlang einem sehr bedeutenden Bruchsystem zusammenhängt. Diese «Insubrische

Abb. 48
Bergformen im Bündnerschiefer: das Breithorn im Binntal (Goms/VS). Im Hintergrund Gneisgipfel der penninischen Monte Leone-Decke.

Linie» oder «Tonale-Linie» verläuft vom Tonalepass durch das Veltlin über den Ioriopass gegen Locarno, dann weiter südlich des Centovalli gegen die Valle d'Ossola und, südwestwärts abbiegend, bis nach Ivrea. Zumindest östlich von Locarno ist sie im Gelände sehr ausgeprägt, bestimmt den Verlauf wichtiger Talachsen (Veltlin, unterste Leventina), und ist auch auf Satellitenbildern leicht erkennbar. Westlich von Locarno spaltet sich ein Nebenast ab, der durch das Centovalli Richtung Domodossola und dann nordwestwärts gegen den Simplonpass verläuft. Die Simplonstörung oder Simplonlinie versetzt die Deckengrenzen *(Abb. 49)* und auch die Zonen der alpinen Metamorphose (S. 113). An der insubrischen Linie haben im Tertiär über einen längeren Zeitraum hinweg immer wieder Bewegungen stattgefunden. Spektakulär ist die Heraushebung des nördlichen Blocks um mindestens 15 km. Diese Verstellung, welche mit ihrer südwärts gerichteten Bewegungsrichtung auch auf die Südalpen übergriff *(Abb. 89,* S.158), steht in Zusammenhang mit dem Vordringen des adriatischen Sporns in der Tiefe. Gleichzeitig und anschliessend spielte sich aber entlang der insubrischen Linie eine nicht minder bedeutsame Horizontalverschiebung ab. An einer Transformstörung mit dextralem Verschiebungssinn (S. 145) wurde der nördliche Block relativ zum südlichen um 60–70 km nach Osten bewegt.
An der insubrischen Linie finden heute keine Bewegungen mehr statt.

Für eine etwas eingehendere Betrachtung der penninischen Dekken ist eine Unterteilung in vier Bereiche zweckmässig.

Das Penninikum des Nordtessins (Lepontin). Enorme Heraushebung und Abtragung haben an der Kulmination Aar–Gotthardmassiv–Tessin (*Abb. 49)* im Nordtessin die tiefsten Teile des alpinen Deckengebäudes freigelegt.
Die tiefsten aufgeschlossenen Einheiten finden sich in der Leventina und bei Verampio im italienischen Tosatal. Auch nach den neuen seismischen Untersuchungen bleibt unsicher, ob wir in diesen Gneiskuppen unverfaltetes «autochthones» Grundgebirge vor uns haben, oder ob es sich um Gneisdecken handelt. In modernen Darstellungen werden diese tiefsten Einheiten, zusammen mit der darüberliegenden Simano- und der Antigoriodecke als südlichste bzw. tiefste Krustenteile des helvetischen Ablagerungsraumes interpretiert *(Abb. 88,* S. 153).
Zwischen Leventina und Verampio liegt im Einzugsgebiet der Maggia eine eigenartige Gneiszone mit zum Teil steilstehenden und Nord–Süd verlaufenden Strukturen. Sie wird Maggia-Decke oder – neutraler – Maggia-Querzone genannt.
Die frühere Tiefenlage dieses Bereichs, den man auch den lepontinischen nennt, zeigt sich an der starken alpinen Metamorphose (S. 113, *Abb. 63).* Die Gesteine, vorher altes Grundgebirge der

europäischen Kruste, sind vollständig durchbewegt, metamorph und umkristallisiert.

Das Penninikum Westbündens. Infolge des starken östlichen Axialgefälles liegen vom Tessin an ostwärts immer höhere penninische Decken dachziegelartig übereinander. Über den lepontinischen Untergrund legen sich

- die *Simanodecke* (Überschiebungsbetrag 10–15 km),
- die *Aduladecke* (Überschiebung 50 km),
- die *Tambodecke* (Überschiebung 35–40 km) und
- die *Surettadecke* (Überschiebung 45–50 km).

Diese vier jeweils 4–5 km dicken Gneisplatten sind mit ihrer Gesamtmächtigkeit von rund 18 Kilometern das eindrücklichste Beispiel eines kristallinen Deckenstapels in den Alpen. Alle vier Einheiten sind in ihrem Südteil von starker alpiner Metamorphose erfasst und werden zudem teilweise vom Bergeller Granit durchschlagen.

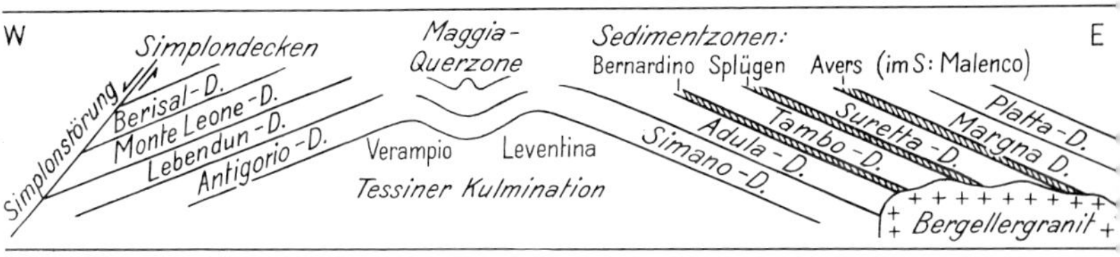

Abb. 49
Schematischer West–Ost-Schnitt durch die penninischen Decken (Simplon–Tessin–Maloja).

Die Kristallinkerne der Decken sind voneinander getrennt durch tektonisch stark beanspruchte, von Norden nach Süden verlaufende Sedimentzonen oder -mulden. Sie bilden wichtige Pass- und Talachsen: die *San-Bernardino-Zone* zwischen Adula- und Tambodecke, die *Splügenzone* zwischen Tambo- und Surettadecke und die *Bündnerschiefer-Massen des Avers und der Val Malenco* zwischen Suretta- und Margnadecke. Den Bündnerschiefern der Val Malenco östlich des Bergeller Granits ist mit dem *Malenco-Serpentin* die grösste zusammenhängende Ophiolithmasse der Alpen eingelagert. Der grossere Teil der mesozoischen Sedimente wurde jedoch abgeschert und liegt nördlich vor der Stirn der Kristallindecken in Mittelbünden. Die Ablagerungen des Wallisertroges liegen als *Bündnerschiefer* im Raum Valsertal/unteres Hinterrheintal/Domleschg/unteres Schanfigg/Westprättigau und als *Prättigau-Flysch* vor, diejenigen der Briançonnais-Schwelle in der Schamserdecke und der weit nach Norden vorgeschobenen Falknis-Sulzfluh-Decke. Die Zugehörigkeit zu einer bestimmten Kristallindecke ist nicht rekonstruierbar.

Abb. 50
Metamorphe Gesteine der Alpen I
(metamorphe Sedimente):
1 *(ol): Quarzit (Verbier VS).*
2 *(or): Dolomitmarmor mit Tremolit (Nordtessin).*
3 *(ml): Kalksilikatfels mit Calcit (weiss), Granat (rot) und Diopsid (grün) (Castione TI).*
4 *(mr): Tonschiefer mit Granat (Nufenenpass VS).*
5 *(ul): Disthen-Staurolith-Schiefer (Nordtessin).*
6 *(ur): Gefältelter Glimmerschiefer (Gotthardmassiv).*

Abb. 51
Metamorphe Gesteine der Alpen II:
1 (ol): Augengneis («Streifengneis» des Gotthardmassivs).
2 (or): Tessinergneis mit verfalteter heller Lage (Leventina).
3 (ml): Gamsboden-Granitgneis (Gotthardstrasse; Gotthardmassiv).
4 (mr): Serpentinit (Marmorera/Oberhalbstein; Plattadecke).
5 (unten): Gebänderter Amphibolit mit beginnender Aufschmelzung bzw. Migmatitbildung (Blatten/Naters VS; Aarmassiv).

Die *Plattadecke* und die *Zone von Arosa* stammen beide aus dem Piemonttrog. Sie markieren als höchste penninische Einheiten die Suturzone zwischen dem alten europäischen Kontinent und dem afrikanischen, dessen Gesteine als ostalpine Decken heute über ihnen liegen.

Die *Platta-Decke* enthält einen sehr hohen Anteil Ophiolithe – Basalt *(Abb. 41/5)*, Gabbro und Serpentinit – neben Sedimenten wie Radiolarit und anderen Tiefseeablagerungen.

Die *Zone von Arosa* im Raum Arosa–Weissfluh–Klosters besteht aus einer komplizierten Verkeilung von Sedimenten unterschiedlichen Alters und unterschiedlicher Herkunft, darunter Tiefseebildungen (Radiolarite) mit Ophiolithfetzen. Diese Lagerung wurde früher als eine Folge der alpinen Gebirgsbildung angesehen, daher der Name «Aroser Schuppenzone». Heute sieht man darin ein typisches Beispiel eines Mélange, eines Akkretionskeils (S. 144), dessen Entstehung auf die frühalpine Subduktion des ozeanischen Piemonttroges zurückgeht (s. S. 153 und 155).

Plattadecke, Tasnadecke (wahrscheinlich das Äquivalent der Falknis-Sulzfluh-Decke) und die unterlagernden Bündnerschiefer sind im Unterengadiner Fenster noch einmal aufgeschlossen *(Abb. 2)*. Dies zeigt, dass sich die penninischen Einheiten unter den ostalpinen Massen gegen Osten fortsetzen. Rund 200 km weiter östlich tritt Penninikum in der Aufwölbung des Tauernfensters am Grossglockner noch einmal an die Oberfläche.

Das Walliser Penninikum (inkl. Dent Blanche-Decke). Die westlich an das Lepontin anschliessenden Decken sind als Simplondecken durch den Tunnelbau und durch natürliche Aufschlüsse in den tiefen Tälern gut bekannt *(Abb. 52)*. Über die *Antigoriodecke* legen sich, mit ausgeprägtem westlichen Axialgefälle, die schmächtige *Lebendundecke* (mit metamorphen, evtl.

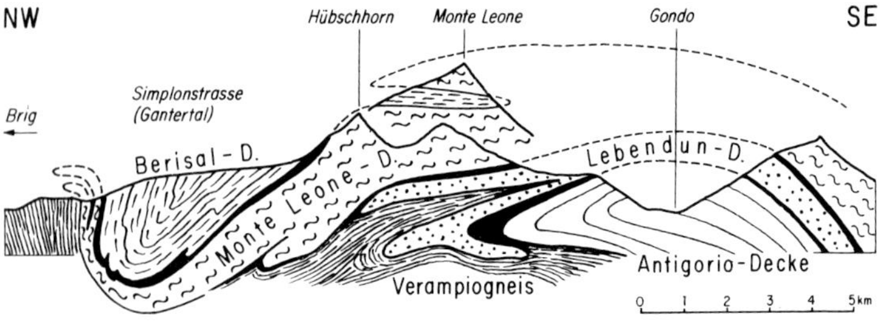

Abb. 52
Querprofil durch die penninischen Decken des Simplongebiets (etwa Gondo–Brig). Fein gestrichelt bzw. schwarz sind die dünnen, deckentrennenden Sedimentzonen (Trias und Bündnerschiefer) gezeichnet.

permischen Konglomeraten), die *Monte Leone-Decke*, die neben Gneisen und Schiefern nahe ihrer Basis einen metamorphen Peridotitkörper (Geisspfadserpentin) enthält, und als höchste Einheit die aus Paragneisen und Amphiboliten bestehende *Berisaldecke*.

Die Faltenformen an der Front wie an der Wurzelzone der Simplondecken lassen sich nur durch eine nach der Hauptfaltung erfolgte, nach Süden gerichtete Rückfaltung verstehen. Am Simplonpass versetzt die Simplonstörung (S. 88) diese Decken, und zwar derart, dass sie gegenüber der westlich anschliessenden Region stark herausgehoben wurden.

Der ganze Raum des südlichen Wallis zwischen Simplon, Rhonetal und Grossem St. Bernhard wird vom Deckenkomplex Bernharddecke/Monte Rosa-Decke eingenommen. Er stösst in einem 100 km langen, nordwestwärts gerichteten Bogen zwischen dem Mont Blanc-Massiv und dem Aarmassiv bis ans Helvetikum vor *(Abb. 2)*.

Diese Deckenmasse ist eine der kompliziertesten, aber wegen ihrer Geologie wie auch wegen ihrer Hochgebirgsszenerie eine der faszinierendsten der Alpen.

Sie besteht in ihrem nordwestlichen Teil aus einer Abfolge von dachziegelartig übereinanderliegenden, flach südwärts einfallenden, plattenförmigen Deckeneinheiten. Es sind entweder kristalline Gesteine oder aber Sedimente des Karbons, des Perms und der unteren und mittleren Trias. Der Grossteil der jüngeren Sedimente ist abgeschert, nach Norden verfrachtet und baut den mächtigen Deckenkomplex der Préalpes auf (S. 97). Über die Zusammenhänge gibt Tabelle 4 Auskunft.

Von unten nach oben folgen sich gemäss Abb. 53D:

- Die *Decke der Zone Houillère* und die *Pontisdecke*, beide nur aus Sedimenten bestehend. Die Steinkohlen im Karbon der Zone Houillère sind zeitweise abgebaut worden (S. 173).
- Die *Siviez-Mischabel-Decke*, eine mehrere Kilometer mächtige, aus sehr unterschiedlichen Gesteinen aufgebaute Platte. Ihr tieferer Teil ist eine Abfolge von permokarbonischen Konglomeraten und Sandsteinen; der obere Teil, die Hauptmasse, besteht aus Gneis und Glimmerschiefer mit viel Amphibolit. Eine mächtige, darin eingelagerte Gneismasse, der Augengneis von Randa, ist ein metamorpher Granit der Permzeit. Eine viele Jahrzehnte lang gebräuchliche Unterteilung dieser Decke in ältere und jüngere Casannaschiefer wurde fallengelassen. Die Gneise und Schiefer der Siviez-Mischabel-Decke enthalten eine für die Schweizer Alpen einmalige Konzentration von Erzvorkommen: Kupfer, Nickel, Kobalt, Wismut, Uran, Zink und Blei (S. 171 ff). Die Bildung der Uranerze konnte datiert werden: sie sind permischen Alters.
- Die *Mont Fort-Decke* besteht einerseits aus metamorphen Sedimenten, Gabbros und Vulkaniten, unter denen die Glau-

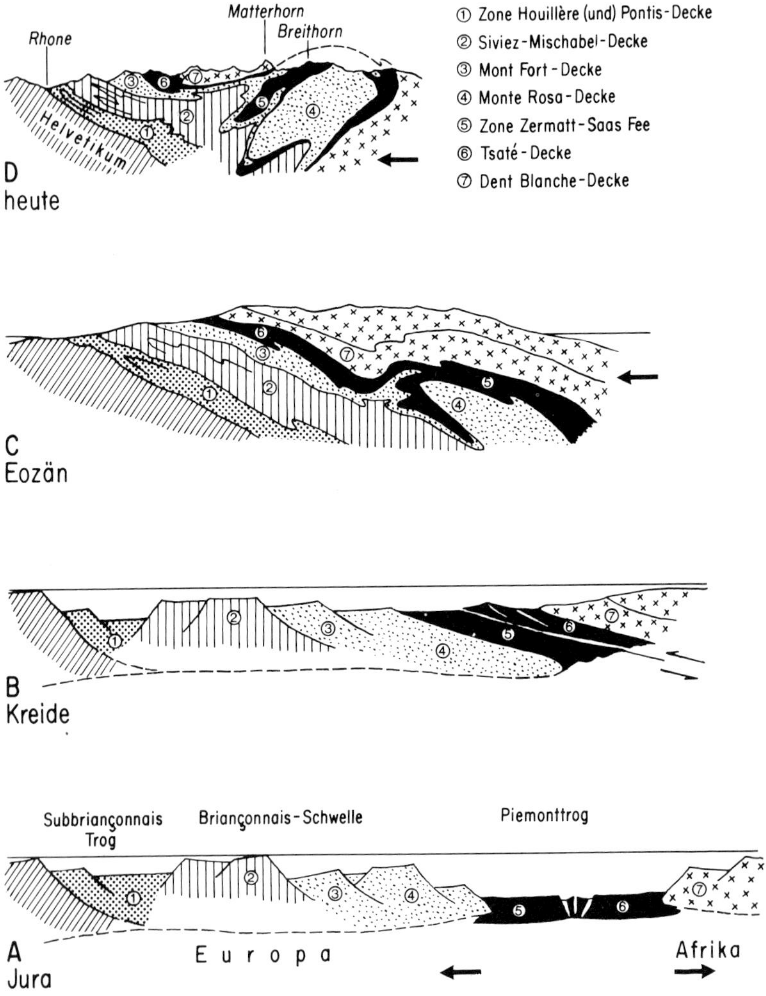

Abb. 53
Die vier Querschnitte zeigen schematisch, wie man sich die Entstehungsgeschichte der südlichen Walliseralpen vorstellt. Die zeitlichen Stationen entsprechen dem ozeanischen Stadium zur Jurazeit (A), der Subduktionsphase der alpinen Gebirgsbildung in der Kreidezeit (B), der Deckenbildung im Eozän (C) und der Gegenwart (D). Zwischen C und D hat die Steilstellung («Vertikalisation») der südlichsten Teile, der «Wurzeln», stattgefunden. Alle diese Vorgänge sind auf den Seiten 152–158 näher beschrieben. Im Verlaufe der Deckenbildung ist der grösste Teil der im Meer zwischen Trias und Kreide abgelagerten Sedimente abgeschert und nach Nordosten geschoben worden (heute Préalpes, S. 97). Nach einer Darstellung von M. Marthaler.

kophanschiefer *(Abb. 64/1,* S. 115) hervorstechen, anderseits wiederum aus Sedimenten des Perms und der Trias (Konglomerate, Quarzite, Dolomite und Marmore). Sie wird als vorgeschobener Teil der Monte Rosa-Decke angesehen.

Sind in diesem vorderen Teil des Deckenstapels die Lagerungsverhältnisse der Einheiten noch recht einfach, so komplizieren sie sich im rückwärtigen Teil sehr.

Hier bilden die Granite und Gneise der *Monte Rosa-Decke* eine gewaltige, kuppelförmige und nach Norden überliegende Falte mit einer ebenso mächtigen, steil nach Süden abtauchenden Wurzel (die sich als steilstehender Gneiszug gegen Osten bis in die Valle d'Ossola fortsetzt). Die Gesteine der Monte Rosa-Decke zeigen die Spuren einer höchstgradigen Metamorphose (Eklogitfazies, s. S. 110), was auf enorme Versenkungstiefe in den Frühphasen der Gebirgsbildung hindeutet (40–60, vielleicht gegen 100 km). Es ist bemerkenswert, dass gerade diese einst tiefsten Elemente heute mit dem Monte Rosa-Massiv die höchsten Berge der Schweiz aufbauen.

Über den Monte Rosa-Bernhard-Komplex legt sich als höchste penninische Einheit eine mächtige Masse ozeanischer Sedimente, die stellenweise sehr viele Ophiolithe enthalten. Wiederum sind wir in der kontinenttrennenden Suturzone von Gesteinen aus dem Piemonttrog. In der Tektonischen Karte der Schweiz wird sie neutral als *«Bündnerschiefer-Ophiolith-Decke»* bezeichnet, neuerdings unterscheidet man zwei Einheiten, eine *Tsaté-Decke (Nappe du Tsaté)* und die *Zone von Zermatt–Saas Fee–Antrona*. Ihre Kalkschiefer und Grüngesteine wie Serpentinit, Gabbro und Basalt bauen den Hintergrund der südlichen Walliser Täler auf: Grand Combin, Mauvoisin, Grande Dixence, Evolène, Moiry, Zinal-Tracuit, Zermatt-Gornergrat, Rimpfischhorn-Allalinhorn-Längfluh bei Saas Fee.

Die Dent Blanche-Decke – ein schönes Stück Afrika. Als eine gewaltige Klippe ostalpiner Kruste legt sich die Kristallinplatte der *Dent Blanche-Decke* über den penninischen Bernhard-Monte Rosa-Komplex. Ihre Gesteine – Gneise und Gabbros – kontrastieren im Gelände in auffälliger Art und Weise zu den Sedimenten und Grüngesteinen der unterliegenden Bündnerschiefer-Ophiolith-Decke. Die Dent Blanche-Decke wird in zwei ineinander verfaltete Serien unterteilt, in die Arolla-Serie einerseits und die Valpelline-Serie anderseits

Das isolierte Stück Ostalpin, Musterbeispiel einer Klippe, verdankt seine Erhaltung der Lage in einer grossen Depressionszone (S. 69). Die Gesteine der Dent Blanche-Decke bauen einige der bekanntesten und schönsten Viertausender der Alpen auf: Matterhorn, Dent Blanche, Obergabelhorn, Zinalrothorn und Weisshorn – Namen, die dem Bergsteiger und dem Geologen das Herz höher schlagen lassen!

Abb. 54
Gneisgipfel der Dent Blanche-Decke im Wallis: Aussicht vom Weisshorn südwärts gegen Schalihorn, Zinalrothorn und Matterhorn. Am Schallihorn ist die flachliegende Gneisbänderung der Arolla-Serie erkennbar. Das Matterhorn sitzt als Klippe den Gesteinen der Zone Zermatt–Saas Fee auf.
Foto Jürg Meyer.

Préalpes und Niesendecke. Auf einer Unterlage helvetischer und ultrahelvetischer Sedimente sowie überfahrener Molasse liegt westlich des Thunersees eine mächtige Schubmasse (Klippe): die *Préalpes* oder, auf deutsch, die *präalpinen Decken*. Die Rhone trennt sie in zwei Teile, in den westlichen des vorwiegend auf französischem Boden gelegenen *Chablais* (ca. 50x35 km Oberfläche) und in die östlichen *Préalpes romandes* zwischen Rhone und Thunersee in den Kantonen Waadt, Freiburg und Bern (Oberfläche rund 70x35 km). Vom tektonischen Aufbau her unterscheidet man vier Dekken: die mächtige *Klippendecke* (nappe des Préalpes médianes) und, ihr aufgesetzt oder eingefaltet, die *Brecciendecke* und die *Simmendecke*. Dazu kommt entlang dem Südostrand der Préalpes zwischen Niesen und Pic Chaussy am Col des Mosses die schmale, rund 55 km lange *Niesendecke*. Préalpes, Niesendecke sowie die dem ganzen Komplex nördlich vorgelagerte, aus Flyschgesteinen aufgebaute Gurnigeldecke bestehen ausschliesslich aus penninischen Sedimenten.
Ihre tektonische Stellung ist wegen des Klippencharakters lange unklar geblieben. Bis 1950 wurden die Préalpes als unterostalpine Decken betrachtet, die Gurnigeldecke bis vor einigen Jahren als ultrahelvetische.
Auch der Deckencharakter ist nicht ohne weiteres ersichtlich: Anstelle der so eindeutig nach Norden gerichteten Falten des Helvetikums findet man hier enggepresste, aufrechte Falten, steilstehende Kalksteinzüge *(Abb. 56)* oder aber weite, schüsselförmige Mulden. Besonders in der Klippendecke ist der tektonische Baustil in auffallender Weise vom Gesteinsmaterial abhängig. Der nordwestliche Teil dieser Decke besteht aus einer vollständigen Schichtfolge obere Trias bis Alttertiär. Der Wechsel von kompetenten und inkompetenten Schichtgliedern erlaubte die Entstehung von Faltenzügen mit einem grossen Anteil an disharmonischer Faltung. Beispiele sind die Stockhorn-Gantrisch-Kette, die Gastlosenkette, die Rochers de Naye oder die Tours d'Aï. Auffallendstes kompetentes Gestein ist (wie im Jura) der Malmkalk, der die meisten schroffen Bergklippen aufbaut. Beispiel einer inkompetenten Schicht sind die roten Mergelschiefer der Oberkreide, die sogenannten Couches Rouges. Nach ihrem Faltenstil nennt man diesen nordwestlichen Teil der Klippendecke «nappe des Préalpes médianes plastiques». Der sudostliche Teil der Klippendecke hingegen besteht aus einer reduzierten Schichtreihe vorwiegend kompetenter Kalk- und Dolomitsedimente, die schüsselartig verbogen oder aber steil eingespiesst sind. Dies hat zur Bezeichnung «nappe des Préalpes médianes rigides» geführt. Beispiele sind die Gummfluh und das Rüblihorn westlich von Saanen oder die Spillgerten bei Zweisimmen.
Simmen- und Brecciendecke liegen der Klippendecke muldenartig auf oder sind von oben her in sie eingespiesst bzw. eingeschuppt. Die *Brecciendecke* (Hauptverbreitung Raum Zweisimmen–Rinder-

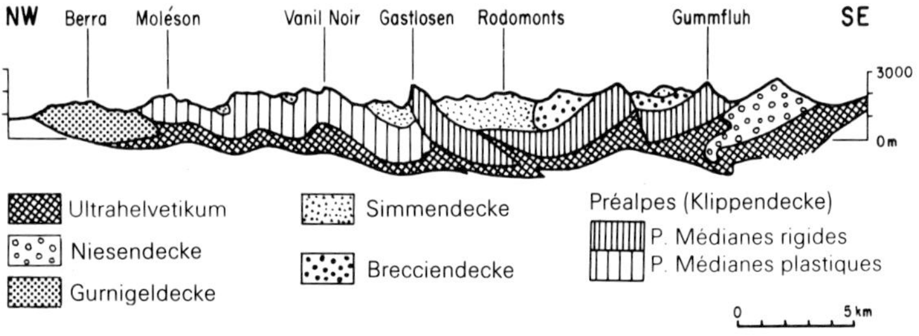

Abb. 55
Schematischer Querschnitt durch die Préalpes.

berg–Hornfluh–Saanen) hat ihren Namen von den für sie typischen Breccien der Jurazeit bekommen. Neben einem grossen Anteil an Kreideflysch gibt es in der *Simmendecke* jurassische Sedimente, die stark an solche der Ost- oder Südalpen erinnern (Radiolarit, helle Kalke usw.). In ihre weichen Flyschgesteine sind viele Talachsen und -kessel eingesenkt, so das Niedersimmental, die Passachse Zweisimmen–Saanenmöser–Saanen und der Kessel von Saanen–Gstaad. Die *Niesendecke* besteht aus Schuppen von Kristallin, Trias, Jura- und Unterkreide und aus einer ein bis zwei Kilometer mächtigen Flyschserie (Oberkreide–Eozän). Der Niesenflysch zeigt charakteristische Wechsellagerungen von Breccien mit Dolomit-, Tonschiefer- und Kristallinkomponenten (Niesenbreccie), Sandsteinen und Tonschiefern, oft mit der für Flyschbildungen typischen gradierten Schichtung *(Abb. 62)*. Die Gesteine der Niesendecke bilden eine Reihe markanter Gipfel: Auf die geschlossene Niesenkette (Niesen–Albristhorn) folgen sich gegen Westen Wistätthorn, Giferhorn, Wasserngrat, Wispille, La Tornette und Pic Chaussy.

Die Préalpes als Ganzes, inbegriffen die Niesendecke im Süden und die Gurnigeldecke im Norden, sind die abgescherte Sedimentbedeckung des penninischen Bernhard-Monte Rosa-Komplexes im südlichen Wallis. Die Zusammenhänge sind in der Tabelle 4 auf der übernächsten Seite dargestellt.

Die Verbindung zwischen den heute getrennten Einheiten konnte vor allem durch eine detaillierte Analyse der Sedimente hergestellt werden: Die Schichtreihe im Norden setzt jeweils dort ein, wo diejenige der entsprechenden Decke im Süden aufhört. Dazwischen liegt der Abscherungshorizont, eine inkompetente, weiche Schicht; häufig handelt es sich um Gips oder Rauhwacke der mittleren Trias.

Rekonstruiert hat man auch die tektonische Geschichte dieses so eigenartig verfalteten Deckenstapels. Die Préalpes sind im späten Eozän über die noch ungefalteten helvetischen und ultrahelvetischen Sedimente geschoben und dabei ein erstes Mal verfaltet

Abb. 56
Steilstehende Faltenschenkel in der Gantrisch-Stockhorn-Kette (Klippendecke, «Préalpes médianes plastiques», s. Text). Nünenenfluh, vom Gantrisch.

Tabelle 4

Einheit im Komplex Préalpes/Niesen	Rückwärtige Einheit	Ablagerungsraum in der Tethys
Niesendecke	Monte Leone-Decke	Wallisertrog bis Subbriançonnais
Préalpes médianes plastiques	Zone Houillère/ Pontisdecke	Subbriançonnais
Préalpes médianes rigides	Siviez-Mischabel-Decke	Briançonnais
Brecciendecke/ Gurnigeldecke	Mont Fort-Decke/ Monte Rosa-Decke	Nordrand Piemonttrog
Simmendecke	Dent Blanche-Decke	Ostalpin oder Südalpin

worden. Die Hebung der Massive hatte zu diesem Zeitpunkt noch nicht eingesetzt, liegt doch die Masse der Préalpes im französischen Chablais direkt vor der gewaltigen Mont Blanc-Kulmination, die sie nie hätte überfahren können. Während der Hauptphase der helvetischen Deckenbildung im Oligozän, wurde das bereits vorliegende Faltenpaket der Préalpes unter erneuter Stauchung und Verbiegung weiter nach Norden verfrachtet; gleichzeitig glitt wohl auch die Niesendecke in ihre heutige Position. Dass bei dieser jüngeren Faltungsphase die Massive bereits in Hebung begriffen waren, zeigt sich daran, dass die Niesendecke recht genau die Länge der Rawilmulde (S. 84) hat, welche ihr den Durchgang ermöglicht hat.

Selbst in ihrer heutigen grossen Ausdehnung sind die Préalpes ein Relikt einer weit grösseren Überschiebungsmasse. Die nahe Verwandtschaft mit den Decken des Sulzfluh-Falknis-Systems wurde schon erwähnt. In der Innerschweiz gibt es auffallende isolierte Klippen von Préalpes-Gesteinen: die Giswilerstöcke in Obwalden, Buochser- und Stanserhorn in Nidwalden und die Mythen bei Schwyz. Alle liegen in einer flyschgefüllten Muldenzone südöstlich der helvetischen Randkette. Sie müssen als Überreste einer riesigen, die helvetische Zone überdeckenden penninischen Deckenmasse angesehen werden, die während des Tertiärs abgetragen wurde. Wie die Gerölle der Nagelfluh der Oberen Meeresmolasse beweisen, waren daran neben sedimentären auch Kristallindecken massgeblich beteiligt.

Die tertiäre Abtragung hat logischerweise die höheren präalpinen Einheiten stärker erfasst als die tieferen. So bestehen rund 95 % der Gerölle des Mont Pélerin-Nagelfluhfächers aus Gesteinen der Simmendecke.

Ostalpine Decken

Die tektonisch höchsten Bauelemente der Alpen haben ihren Namen von den Ostalpen erhalten, wo sie im deutsch-österreichischen Alpenraum ein Areal von rund 400 (West–Ost) mal 100 bis 150 km (Nord–Süd) bedecken. Von Osten her reicht diese gewaltige Deckenmasse bis nach Ostbünden hinein, wo sie an einer Linie Vaduz–Arosa–Oberhalbstein–Sils–Bernina–Poschiavo die penninischen Decken überlagert. Über die penninischen Fenster im Unterengadin und in den Tauern wurde schon berichtet (S. 92), ebenso über das klippenartige ostalpine Relikt der Dent Blanche-Decke im südlichen Wallis. Ursprünglich müssen weite Bereiche der zentral- und ostschweizerischen Alpen von zusammenhängenden ostalpinen Elementen überdeckt gewesen sein. Sie wurden allerdings bereits im Tertiär abgetragen, wie zum Beispiel die roten und grünen Berninagranite in der Nagelfluh der Unteren Süsswassermolasse beweisen (Tab.1, S. 29).
Die ostalpinen Decken sind *Teile des afrikanischen Kontinents,* welche bis zu über 100 km weit auf den europäischen überschoben worden sind (s. *Abb. 89,* S. 158).
Unter den ostalpinen Sedimenten sticht vor allem die Trias hervor. Im Gegensatz zur geringmächtigen, dreigeteilten Trias des Helvetikums, des Mittellandes und des Juras gibt es hier mehrere Kilometer mächtige Schichten von Dolomit und Kalkstein. Es sind durchwegs Flachwassersedimente (mit einem hohen Anteil an Riffmaterial), die auf einer ständig absinkenden marinen Plattform abgelagert wurden.
Wegen ihrer Lage hoch oben im Deckenstapel sind die ostalpinen Gesteine, mit Ausnahme einer wurzelnahen Zone im Süden, alpin nur schwach metamorph. Aus demselben Grund sind die ostalpinen Kristallindecken beim Transport relativ geringfügig deformiert worden. In besonderem Masse gilt dies für die Silvrettadecke (S. 102). Die unterostalpinen Kristallindecken sind zerschlitzt und in Späne zerlegt worden, zeigen aber im Innern guterhaltene alte Grundgebirgsstrukturen. Sehr intensiv verformt sind hingegen die dazwischengelagerten Sedimente.

Unterostalpin. Der Err-Bernina-Deckenkomplex baut die Berge beidseits des Oberengadins auf (Berninagruppe und Julier-Albula-Region). Sein Bau ist in *Abb. 57* schematisch dargestellt. Der mächtige Kristallinkern biegt im Süden (Veltlin) in eine steile Wurzel um. Die Sedimentbedeckung ist wenig abgeschürft, scheint im Nordteil angereichert und wurde bei der Zerschlitzung der Deckenmasse zwischen die Teildecken eingeklemmt. Die Überschiebung beträgt 40 bis 45 km.

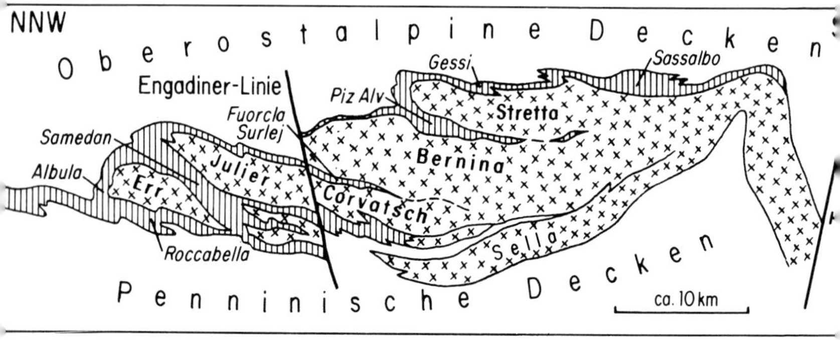

Abb. 57
Halbschematischer Querschnitt durch die unterostalpine Err-Bernina-Decke. Besonders charakteristisch ist die Verschuppung der Sedimentzonen (gestrichelt) und der Kristallinblöcke (Kreuzsignatur) in der Stirnzone der Deckenmasse.

Die verschiedenen Teildecken werden entlang des Oberengadins durch eine nach der Deckenbildung angelegte Bruchfläche* um mehrere Kilometer seitlich und in der Höhe verstellt.
Das Kristallin bietet eine faszinierende Vielfalt von Gesteinen: neben Gneis, Glimmerschiefer und Glimmerquarziten viele Tiefengesteine wie Granite, Syenite, Diorite und Gabbros, zum Teil mit auffallend grünen, roten und blauen Farbtönen der Feldspäte *(Abb. 40/4,* S. 75), ferner Aplit- und Pegmatitgänge und vulkanische Gesteine. Das Alter dieser magmatischen Gesteine bewegt sich zwischen 305 und 260 Millionen Jahre (Karbon/Perm). Wie diejenigen der Zentralmassive und Südalpen sind sie also bei der variszischen Gebirgsbildung entstanden. Unter den Sedimenten fallen die mächtigen Dolomite der Trias (Norien) und die bunten Jurabreccien (z. B. die Saluverbreccie) auf.

Das ***Oberostalpin*** wird in erster Linie durch die mächtige Kristallinplatte der Silvrettadecke repräsentiert, geographisch im Kesch- und Silvrettagebiet, am Flüelapass und zwischen Arosa und Davos. Die Palette der durchwegs metamorphen kristallinen Gesteine ist vielfältig. Glimmerschiefer mit Staurolith, Disthen, Sillimanit und Granat sind ehemalige, jetzt hochmetamorphe Tonschiefer. Zu verschiedenen Zeiten eingedrungene magmatische Gesteine liegen ebenfalls in metamorphem Zustand – als Orthogneise – vor: saure Plutonite wie Granite mit Aplit- und Pegmatitgängen, basische wie Diorit und Gabbro. Serpentinite sind vielleicht ehemalige Peridotite aus dem Erdmantel. Ozeanische

* Diese Engadiner Bruchlinie lässt sich aus dem Bergell bis nach Imst im Inntal verfolgen, und ihr Verlauf bestimmt die Talachse des Engadins.

Abb. 58
Einige Sedimentgesteine der Alpen:
1 (ol): Karbonkonglomerat («Vallorcine-Konglomerat», Dorénaz VS).
2 (or): Permbreccie (Collonges VS).
3 (ul): Gips mit Schwefel (Trias, Leissigen BE).
4 (ur): Radiolarit (Geröll im Inn GR).

Basalte sind zu Eklogiten und Amphiboliten umgewandelt worden; die letztgenannten machen nicht weniger als einen Fünftel des gesamten Volumens aus!
Neben der variszischen und der kaledonischen waren noch mindestens zwei ältere gebirgsbildende Ereignisse an der Entstehung dieser Gesteinsvielfalt beteiligt; alle waren von Metamorphose und magmatischer Aktivität begleitet. Jüngster spätvariszischer Magmatismus äussert sich in einer grossen Anzahl von basischen Gängen («Diabase»). Von den alpinen Metamorphosen scheint sich nur die ältere, eoalpine, mit der Subduktion verknüpfte, bemerkbar zu machen (S. 114). In den späteren Phasen der alpinen Gebirgsbildung befand sich das Oberostalpin bereits in den höchsten Bereichen des Gebirges. Von der Sedimentbedeckung der

Silvretta sind nur Relikte – Trias – in Mulden des Landwasser- und Ducangebiets erhalten geblieben.
Die Silvrettadecke ist der östlich anschliessenden Ötztaldecke sehr ähnlich.
Südöstlich des Unterengadins splittert das Oberostalpin in mehrere Kristallin- und Sedimentspäne auf. Dies und ein komplizierter Faltungsablauf mit ungewöhnlichen west- und sogar südgerichteten Überschiebungen machen die Region nicht leicht verständlich. Scarl-, Campo- und Languarddecke besitzen Kristallinkerne. Im Sesvennagebiet liegen darüber recht mächtige Sedimente des Perms, der sogenannte Münstertaler-Verrucano. Der mesozoische Anteil dieser Decken, fast ausschliesslich Trias, bildet im Nationalpark, im Murtiröl- und Ofenpassgebiet und im Scarltal die *Unterengadiner Dolomiten.* Sie bestehen vor allem aus 1–2 km mächtigen Triassedimenten. Der Dolomit des Norien allein kann 1000 m dick sein.

Tertiärer Magmatismus (Bergeller-Granit)

Zwischen dem Bergell, dem Veltlin und der Valle della Mera, zum grösseren Teil auf italienischem Gebiet, findet sich eine Eruptivmasse tertiären Alters, die man meist gesamthaft als *Bergeller-Granit* bezeichnet. In ihrem Nordteil besteht sie wirklich aus massivem Granit mit rötlichen, oft mehrere Zentimeter grossen Feldspäten *(Abb. 40/3,* S. 75). Aus ihm bestehen die landschaftlich grossartigen, berühmten Kletterberge des Forno-, Albigna- und Bondascagebiets *(Abb. 59).*
Dieser Granit durchbricht die Strukturen der Tambo-, Suretta- und Margnadecke – ist also jünger als die Deckenbildung – und erzeugt im Osten an den Gesteinen des Malenco- und Fornogebiets eine klassische Kontaktmetamorphose *(Abb. 110).* In diesem hohen Stockwerk verhält sich der Granit intrusiv, er ist als heisses Magma in kühlere Nebengesteine eingedrungen. Gegen Süden und in der Tiefe geht der Granit in den dunkleren Tonalit *(Abb. 41/1)* über und wird zugleich lagig/gneisig. Steilstehende schmale Tonalitzüge lassen sich entlang der insubrischen Linie über 50 km weit bis gegen Giubiasco im Tessin verfolgen. Das Eindringen bzw. das Hochschleppen des Magmas, aber auch sein Erstarren unter gerichtetem Druck hängt offensichtlich mit den Bewegungen an der insubrischen Linie zusammen.
Der Zeitpunkt des Eindringens ist auf 30 Millionen Jahre datiert worden; der helle, feinkörnige Novategranit, der südlich von Chiavenna ansteht, ist einige wenige Millionen Jahre jünger. Die Freilegung des Bergeller-Granits durch Hebung und Abtragung muss innert kurzer Zeit erfolgt sein, finden sich Granitgerölle doch schon in der oberoligozänen Molasse von Como.

Abb. 59
Bergformen im jungen, massigen Bergeller-Granit: die Cima dal Largh im Bergell.

Längs der Tonale-Linie gibt es noch weitere junge Eruptivkörper. Der bedeutendste ist jener des Adamellomassivs rund 75 km östlich des Bergeller-Granits. Seine Granite und Tonalite durchsetzen die triadischen Gesteine der Südalpen und erzeugen modellhafte Eruptivkontakte mit Kontaktmetamorphose.

Südalpen

Man versteht darunter das Gebiet südlich der insubrischen Linie (S. 87), an dem die Schweiz flächenmässig mit dem Sottoceneri nur einen kleinen Anteil hat; der weitaus grössere liegt auf italienischem Territorium. Ein Blick über die Landesgrenzen hinaus ist hier für das Verständnis der grossen Züge unerlässlich.
Geologisch gesehen bestehen die Südalpen aus einem kristallinen Grundgebirgssockel, der von vulkanischen Gesteinen der Permzeit durchbrochen und von mesozoischen Sedimenten überlagert wird. Dies ist eine Konstellation, welche für die geologische Geschichte der gesamten Schweiz typisch ist, und die wir auch etwa in den Zentralmassiven angetroffen haben.
Im Grundgebirge, auch als ***Seengebirge*** oder ***insubrisches Kristallin*** bezeichnet, werden grossräumig zwei Einheiten ausgeschieden, die ***Strona-Ceneri-Zone*** und die ***Ivrea-Zone*** (S. 153). Beide bestehen aus Gesteinen, welche eine kaledonische und eine variszische Metamorphose erlitten haben.
Die *Strona-Ceneri-Zone* besteht aus Gesteinen, wie sie für die obere und mittlere Erdkruste typisch sind: Gneise, Amphibolit, Glimmerschiefer mit Einschaltungen von Marmor, Quarzit und Kalksilikatfels. Auf Schweizer Gebiet hat man sie nördlich von Lugano (dargestellt auf dem Blatt «Tesserete» des Geologischen Atlas) weiter unterteilt: in eine Ceneri-Zone mit höherem und eine Val Colla-Zone mit niedrigerem Metamorphosegrad.
In der langgestreckten, nirgends mehr als 10 km breiten *Ivrea-Zone,* die von Westen her in die Schweiz hineinreicht und westlich von Locarno auskeilt, finden sich Gesteine, deren hoher Metamorphosegrad (Granulitfazies; S. 110) auf eine Entstehung in der unteren Erdkruste hindeutet. In ihrem nördlichsten Teil treten mit Peridotiten sogar Späne des oberen Erdmantels an die Oberfläche, beispielsweise bei Finero im Centovalli (rund 6 km von der Schweizer Grenze entfernt). Die Tatsache, dass hier ungleiche Stockwerke der Erdkruste nebeneinander statt übereinander liegen, erklärt man sich durch Versetzungen an Brüchen (S. 153). Über diesem kristallinen Sockel findet sich im Gebiet des Luganersees eine mächtige Abfolge permischer vulkanischer Gesteine von gegen 1000 m Dicke und rund 50 km^2 Oberfläche. Es ist das grösste derartige Vorkommen in der Schweiz. Die Vulkanite sind offensichtlich in mehreren Schüben gefördert worden, deren zeitliche

Reihenfolge im Detail nicht ganz geklärt ist. Zu Beginn waren es überwiegend Basalte und Andesite, also dunkle, basische, kieselsäurearme Gesteine. In der älteren Literatur wie auch auf dem Blatt Lugano des Geologischen Atlas werden sie als «Porphyrite» bezeichnet. Jünger sind Rhyolithe und Dazite, früher generell «Quarzporphyre» genannt. Ihre Ausbildungsformen als Schweissschlacken («Ignimbrite») oder Tuff beweisen, dass ihre Förderung explosiv erfolgt ist, wie das für solche hellen, sauren, kieselsäurereichen Laven die Regel ist. Schliesslich findet sich eingelagert eine Eruptivmasse von rotem, körnigem «Granophyr», ein Gestein, dessen Mittelstellung zwischen dem Tiefengestein *Gran*it und dem Ergussgestein Quarzp*orphyr* sich im Namen niedergeschlagen hat. Es tritt in der Umgebung von Carona auf, hat aber seine grösste Mächtigkeit – um 300 m Dicke – in der westlichen Fortsetzung auf italienischem Gebiet. Der Granophyr ist eng verwandt mit dem ähnlich aussehenden und ebenfalls permischen, 40 km weiter westlich am Lago Maggiore anstehenden *Granit von Baveno (Abb. 2,* Profile).
Permische vulkanische Gesteine sind in den Südalpen verbreitet. Das weitaus grösste Vorkommen – rund 2500 km^2 Oberfläche und gegen 3 km Dicke – findet sich als Bozener Porphyrmasse im Südtirol.
Kristallin und Vulkanite werden im Luganerseegebiet überlagert von mesozoischen Sedimenten; etwas verfaltet, gekippt und von Brüchen durchsetzt, fallen sie generell nach Süden ein *(Abb. 60).* Der bedeutendste dieser Brüche, am Ostufer des Luganersees Nord–Süd verlaufend, trennt zwei geologisch völlig unterschiedliche Schollen: im Westen eine hochgelegene, mit vulkanischen Gesteinen und überlagernder Trias (Monte San Salvatore im Norden und Monte San Giorgio im Süden), im Osten eine tiefere, abgesenkte Scholle aus mächtigen Liassedimenten (Monte Brè, Monte Generoso und das ganze Gebiet zwischen Luganer- und

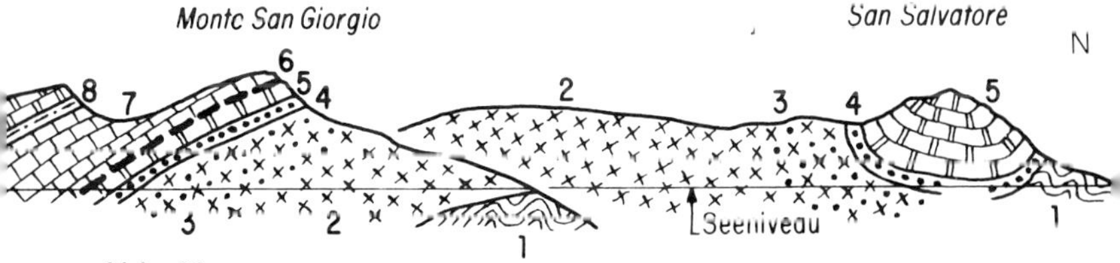

Abb. 60
Profilschnitt durch die Südalpen im Gebiet des Luganersees:
1: Kristallines Grundgebirge der Seealpen.
2 und 3: Vulkanische Gesteine (2: ältere, basische Vulkanite,
3: saure Vulkanite ([Rhyolith und Granophyr]).
4–8: Sedimente der Trias (4: Sandstein [«Servino»], 5: Dolomit,
6: Grenzbitumenzone [Saurierfundstelle, S. 108 und Abb. 86/5],
7: Kalkstein, 8: Schiefer [«Raiblerschichten»]).

Comersee). Die Untersuchung der Sedimente macht deutlich, dass dieser Bruch bereits zur Liaszeit vorhanden war. Damals lagerten sich auf der Luganeser Schwelle Flachwassersedimente ab (die dekorativen Kalkbreccien von Arzo; S. 176), während sich in einem ständig absinkenden Becken – dem Generosotrog – bis zu 4000 m dunkle Kieselkalke anhäuften.
Die Luganerstörung ist nur einer von vielen Brüchen, welche im Lias die Südalpen in Schwellen und Becken zerteilten. Sie stehen in direktem Zusammenhang mit dem zu jener Zeit beginnenden Zerfall des alten Kontinents Pangäa und dem Beginn der Ausweitung der Tethys (S. 152). Wir haben hier ein erhaltenes Stück Nordwestrand des afrikanischen Kontinents vor uns, dort wo er, in der Sprache des Plattentektonikers, in einer Riftzone an einem passiven Kontinentalrand stufenweise westwärts ins Meer abbrach.
Die weitere Entwicklung dieses Meeresbeckens bis hin zur Tiefsee im Zeitraum zwischen Lias und unterer Kreide lässt sich an den Gesteinen der Breggiaschlucht östlich von Mendrisio beispielhaft studieren (geologischer Lehrpfad).
In der Trias des Monte San Giorgio liegt im sogenannten Grenzbitumenhorizont (Grenze Anisien/Ladinien) in einem bitumenführenden Dolomit die ergiebigste Fundstelle von Sauriern in Europa. Sie wird seit Jahrzehnten von Geologen der Universität Zürich untersucht und ausgebeutet. Die schönsten Fundstücke sind in Zürich ausgestellt (S. 148, *Abb. 86/5)*.
Die gute Erhaltung all dieser Phänomene aus der Zeit vor der Alpenfaltung könnte man dadurch erklären, dass die Südalpen eben von dieser Faltung nicht oder kaum ergriffen worden seien. Tatsächlich ist das Gebiet an der Oberfläche weder in Decken gelegt, noch ist eine junge, alpine Metamorphose festzustellen. Die seismischen Untersuchungen der jüngsten Zeit haben aber ganz klar gezeigt, dass die Südalpen in den letzten Phasen der Gebirgsbildung in ein Paket von flach südwärts übereinandergeschobenen Spänen – Decken – zerlegt worden sind. Das Ganze steht im Zusammenhang mit dem Vordringen des Adriatischen Sporns unter den Südalpen hindurch und den ebenfalls südwärts gerichteten Bewegungen an der insubrischen Linie *(Abb. 89,* S. 158).

4. Die alpine Metamorphose

Metamorphose bedeutet Umwandlung. Gesteine werden metamorph, wenn sie unter Temperaturen und Drücke geraten, die von denen ihrer ursprünglichen Entstehung verschieden sind. Die vorhandenen Mineralien passen sich durch chemische Reaktionen und Umkristallisationen den neuen Bedingungen an, und es entstehen neue Mineralkombinationen, neue Gesteine. Besonders anfällig auf metamorphe Veränderungen sind Sedimentgesteine, welche in Gewässern nahe der Erdoberfläche entstanden sind.

Seitdem man die in der Natur beobachteten metamorphen Mineralreaktionen im Labor unter kontrollierten Bedingungen nachahmen kann, weiss man über den Verlauf solcher Vorgänge gut Bescheid. Die wichtigsten von ihnen laufen bei Temperaturen zwischen 200 und 900 Grad ab, bei Drücken, die 10 bis 40, seltener bis 100 km Erdtiefe entsprechen. Geologisch entspricht dies dem Bereich der Erdkruste und des obersten Erdmantels (S. 138/139).

Um rasch und ohne grossen Aufwand (zum Beispiel auch im Gelände) die Stärke bzw. den Grad der Metamorphose feststellen

Druck und Temperatur nehmen mit der Tiefe zu. Beim Druck ist die Zunahme so gleichmässig, dass wir ihn für unsere Belange in Kilometern Tiefe angeben können, anstelle der in der Wissenschaft üblichen Messgrösse Kilobar (ein Kilobar entspricht ungefähr einer Schicht von 3,5 km Gestein durchschnittlicher Dichte). Bei der *Temperatur* – man gibt ihre Zunahme in Grad Celsius pro Kilometer Erdtiefe an, und bezeichnet diesen Wert als «geothermischen Gradienten» – sind die Verhältnisse komplizierter. Der Gradient hängt stark von der geologisch-tektonischen Situation ab. Ein verbreiteter Mittelwert ist 30°/km. In Faltengebirgen schwankt er zwischen 20 und 40, in Gebieten mit aufdringenden Magmen oder aufgewölbtem Erdmantel (z. B. an mittelozeanischen Rücken; S. 139) kann er sehr viel grösser sein. Extrem niedrig hingegen ist der Gradient mit u.U. nur 8–10°/km in Subduktionszonen, wo relativ «kühle» Lithosphärenplatten rasch in grosse Tiefen und unter entsprechend hohe Drücke geraten *(Abb. 85*, S. 144).

und umschreiben zu können, hat man eine beschränkte Anzahl von Druck/Temperaturfeldern (Faziesfelder) ausgeschieden *(Abb. 61).*

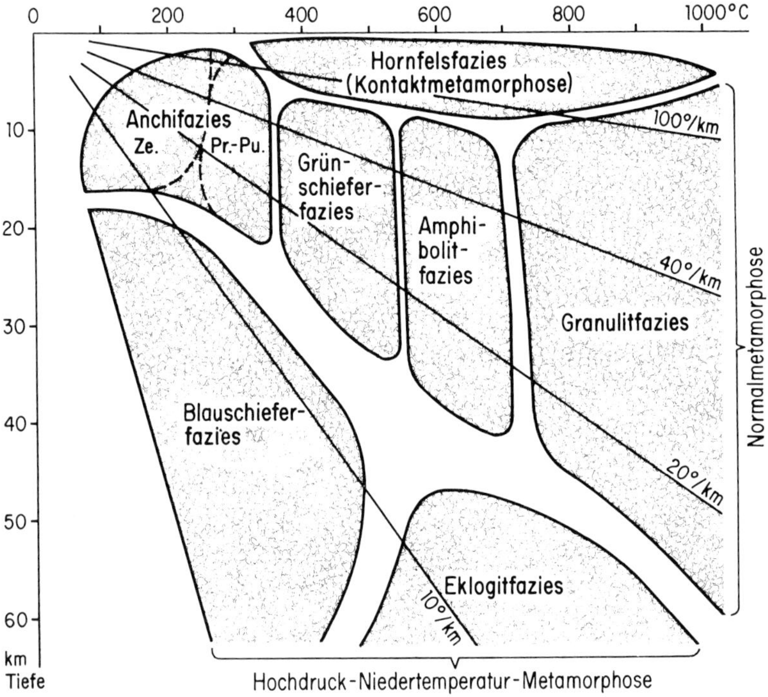

Abb. 61
Schema der metamorphen Fazies. Im Feld «Anchifazies» sind eine schwächere Zeolithfazies (Ze.) und eine stärkere Prehnit-Pumpellyit-Fazies (Pr.–Pu.) zusammengefasst worden.

Man bezeichnet sie, für den Nichtfachmann zu Beginn etwas verwirrend, mit dem Namen eines der unter diesen Bedingungen vorkommenden Gesteine. Ein konkretes Beispiel: Gesteine der Amphibolitfazies sind zwischen 520 und 650°C in Tiefen von 10–35 km entstanden. Namengebend ist der Amphibolit, ein dunkles, grünweisses, oft gebändertes Gestein, das unter diesen Bedingungen aus einem Basalt entsteht. Aus anderen Ausgangsgesteinen («Protolithen») entstehen in der Amphibolitfazies aber völlig andere Gesteine wie Gneis (aus Granit), Marmor (aus Kalk) oder Glimmerschiefer mit Disthen und Staurolith (aus Tonen). Beim Versenken eines Gesteins passt sich der Mineralbestand laufend an; ein heute amphibolitfaziell metamorphes Gestein hat in seiner Entwicklung höchstwahrscheinlich die Anchifazies und die Grünschieferfazies durchlaufen. Hingegen behält ein Metamorphit

in aller Regel den höchsten erworbenen Metamorphosegrad bei, auch bei Abkühlung und Heraushebung. Für die Alpen wichtige Ausnahmen bilden diejenigen Fälle, in denen Metamorphite später intensiv verfaltet und verschiefert werden.
Mindestens viermal in der geologischen Geschichte der Schweiz haben weiträumige, mit Gebirgsbildungen verknüpfte Metamorphosen stattgefunden (vgl. auch S. 10 und 147). Dabei sind die Bedingungen sämtlicher, in *Abb. 61* ausgeschiedener Faziestypen verwirklicht worden, zum Teil mehrfach und wiederholt. Scheidet man die erhaltenen Spuren der älteren Metamorphosezyklen aus, was gar nicht immer zweifelsfrei gelingt, so ergibt die jüngste, mit der alpinen Gebirgsbildung verknüpfte Metamorphose im zentralen Alpenraum ein verblüffend einfaches Bild: Von Nord nach Süd nimmt die Stärke der Metamorphose sukzessive zu, von der Anchifazies über die Grünschiefer- bis zur Amphibolitfazies *(Abb. 63):* An ein nördlichstes Gebiet nicht oder äusserst schwach metamorpher Gesteine (beginnende Anchifazies) im Nordteil der helvetischen Decken und in den Préalpes schliessen südlich an:

- Ein Streifen mit Gesteinen in *Anchifazies* in den südlichen helvetischen Decken. Die typischen Mineralien wie Prehnit und Pumpellyit sind wenig auffallend, und von blossem Auge kaum erkennbar.
- Ein grosses Gebiet mit alpiner *Grünschieferfazies*, umfassend Aarmassiv, Gotthardmassiv, das südliche Wallis und Teile Graubündens. Es dominieren schiefrige Gesteine, Mineralkombinationen von Hellglimmer (feinschuppigem Serizit oder grobschuppigem Muskowit), Quarz, Biotit, biotitähnlichem Stilpnomelan, Albit (Natriumfeldspat) und den grünen Mineralien Chlorit, Epidot und Chloritoid.
- Ein das Nordtessin und Südwestbünden umfassendes Areal mittelstarker Metamorphose (*Amphibolitfazies*). Typisch sind Glimmerschiefer mit Granat, Disthen, Staurolith, Marmor mit Tremolit oder Diopsid und, sehr verbreitet, Gneise und Amphibolite (Nordtessin und Südwestbünden; *Abb. 1* und *63).* Im südlichsten Teil dieser Zone zeigen das Auftreten von Mineralien wie Sillimanit und lokale Aufschmelzungen einen nochmals erhöhten Metamorphosegrad an. In einem kilometerbreiten Saum um den Bergeller-Granit (S. 104) ist es hier zusätzlich durch eine vom heissen Granitmagma herrührende Kontaktmetamorphose zur Neubildung charakteristischer Mineralien wie Wollastonit, Brucit, Andalusit und Cordierit gekommen.

Die Veränderung ein und derselben Gesteinsschicht in verschiedenen Metamorphosezonen kann am Beispiel der Quartenschiefer des Keupers (obere Trias) gezeigt werden *(Abb. 62/1–6).* Die roten, unmetamorphen Mergelschiefer des Juragebirges werden in den Glarner Alpen – Anchifazies – zu roten Tonschiefern; im Vorderrheintal und auf der Nordseite des Lukmanierpasses – in der

Abb. 62
Metamorphe Gesteine der Alpen III
(metamorphe Keupersedimente, vgl. Text):
1 *(ol): Unmetamorpher Mergel (Jura)/roter Tonschiefer (Klausenpass).*
2 *(or): Violetter Phyllit (Vorderrheintal).*
3 *(ml): Chloritoidschiefer (Lukmanierpass-Nordseite).*
4 *(mr): Hellglimmerschiefer mit Biotit (Lukmanier-Passhöhe).*
5 *(ul): Granat-Chloritoid-Schiefer (Lukmanier-Passhöhe).*
6 *(ur): Granat-Hornblende-Schiefer (Lukmanier-Südseite).*

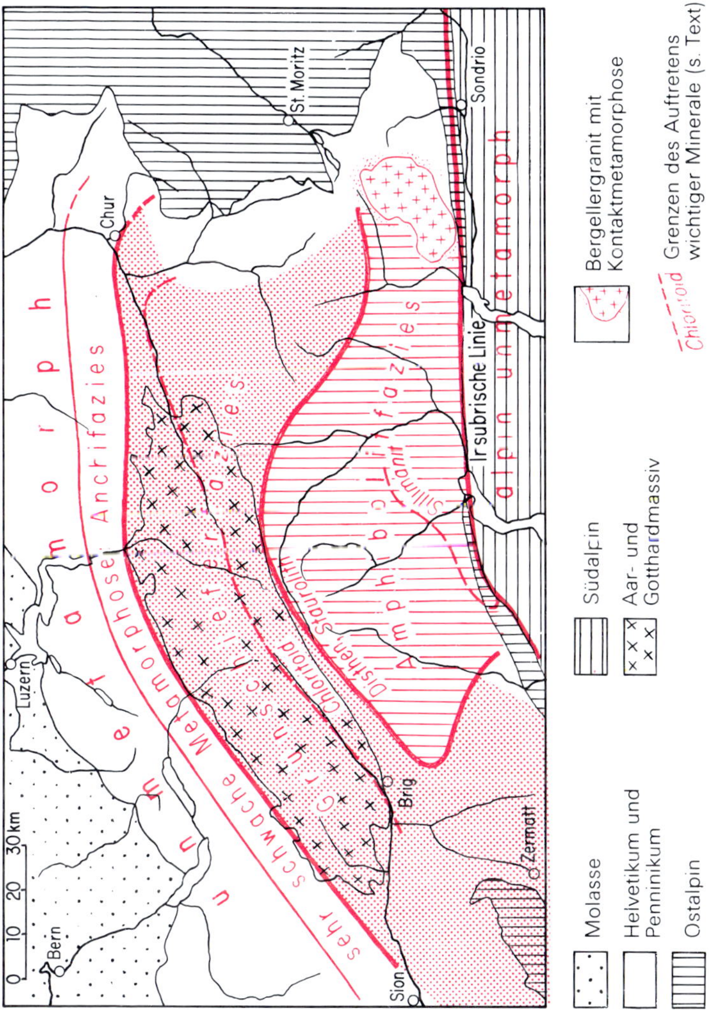

Abb. 63
Übersichtskarte der Stärke und Verbreitung der alpinen Metamorphose (jüngere, lepontinische oder mesoalpine Phase).

Grünschieferfazies – sind es violette Schiefer (Phyllite), Schiefer mit Chloritoid, Biotit und Granat und südlich des Lukmanierpasses – in der Amphibolitfazies – grobkörnige Granat-Amphibol-Glimmerschiefer mit Disthen und gelegentlich Staurolith.
Von Nord nach Süd sind diese Gesteine zunehmend tiefer versenkt gewesen; es mögen maximal etwa 25 Kilometer gewesen sein. Aus dem Diagramm lässt sich ein Gradient von etwa 30–40°/km heraus-

lesen. Altersbestimmungen an Mineralien ergaben Werte zwischen 25 und 38 Millionen Jahre. Vieles deutet darauf hin, dass der im Eozän/Oligozän gebildete Deckenstapel die Ursache dieser Metamorphose gewesen ist. Da Temperatur- und Druckerhöhung eine *Folge* der Verdickung der Kruste darstellen, sind die metamorphen Reaktionen etwas jünger als die Überschiebungen. Dadurch wird verständlich, warum die Metamorphosezonen die Deckengrenzen schief schneiden. Jünger als die Metamorphose hingegen sind Bruchbewegungen, die im Tessin Gesteine der alpinen Amphibolitfazies neben alpin unmetamorphe des Seengebirges gestellt haben. Der nördliche Block muss dabei um 15–20 km gehoben worden sein (S. 158, *Abb. 89)*!
Viel weniger auffällig sind die Anzeichen einer älteren, aber ebenfalls alpinen Metamorphose von völlig anderem Charakter. Es sind Gesteine der Blauschieferfazies und der Eklogitfazies, darunter auch diejenigen, welche den beiden Fazies den Namen gegeben haben: Schiefer mit Glaukophan, einer blauvioletten Hornblende *(Abb. 64/1)* und Eklogite, schöne, kompakte, dichte Gesteine aus Granat und Omphacit, einem intensiv grünen Vertreter der Pyroxengruppe *(Abb. 64/2)*. Aus diesen und anderen typischen Mineralgesellschaften, zum Beispiel dem gemeinsamen Vorkommen von Quarz und Jadeit oder Disthen und Talk, oder dem wissenschaftlich sensationellen Fund von Coësit (einer Höchstdruckvariante von Quarz/SiO_2) kann man Eklogitfazies-Bedingungen von 500 bis 800° bei 45–100 km Tiefe berechnen. Aus dem sich ergebenden Gradienten von etwa 10°/km, aber auch aus Mineral-Altersbestimmungen von etwa 100 Millionen Jahren, geht eindeutig hervor, dass diese Hochdruckmetamorphose mit der kreidezeitlichen Subduktion in der Frühzeit der alpinen Gebirgsbildung zusammenhängt (S. 155). Man nennt sie daher auch die «Eoalpine» (eos = griech. früh).
Besonders häufig sind die Spuren dieser frühalpinen Phase im südlichen Mittelwallis – Monte Rosa-Decke, Zone Zermatt–Saas Fee, Bernhard-Decke, Dent Blanche-Decke – und weiter südlich in der Sesiazone (vgl. geologische Karte S. 14/15), aber auch im Osten, zum Beispiel in der Adula-Decke. In neuerer Zeit sind im Bereich der jüngeren, lepontinischen mehr und mehr Relikte dieser älteren Metamorphose entdeckt worden; dabei sind es immer nur bestimmte Gesteinstypen oder einzelne Lagen, zum Teil auch nur mikroskopisch erfassbare Einzelmineralien, die der jüngeren Überprägung entgangen sind. In diesem Zusammenhang sind noch viele Fragen offen. Warum ist ein so grosses Areal subduziert worden, nicht nur ozeanische, sondern auch kontinentale Krustenstücke? Wie verlief die Heraushebung (die «Exhumierung») dieser Gesteine aus grosser Tiefe in höhere Krustenniveaus, wo sie von der jüngeren, mit der Deckenbildung verknüpften Metamorphose erfasst worden sind?

Abb. 64
Metamorphe Gesteine der Alpen IV
(Gesteine der alpinen Hochdruckmetamorphose):

1. *Glaukophanschiefer. Die Bezeichnung «Blauschiefer» für solche Gesteine und die entsprechende Fazies bezieht sich auf die Farbe der violettblauen Hornblende Glaukophan.*
2. *Eklogit.*

5. Zerrkluftmineralien

In gewissen Regionen der Alpen findet man Mineralien als schöne, wohlumgrenzte Kristalle in spaltenartigen Klufthohlräumen (Kristallhöhlen). Diese Öffnungen sind bei der alpinen Gebirgsbildung durch zerrende Kräfte entstanden. Daher bezeichnet man sie als *Zerrklüfte* und ihren Inhalt als *Zerrkluftmineralien.* Das häufigste und bekannteste dieser Mineralien ist der Quarz, der als wasserklarer Bergkristall oder brauner Rauchquarz in bis meterlangen Exemplaren gefunden wurde. Für viele ist er der Inbegriff des Kristalls. Daneben kennt man aber gegen hundert weitere Mineralarten aus Zerrklüften; zu den berühmtesten gehören Adular, Albit, Amiant, Anatas, Apatit, Brookit, Calcit (Kalkspat), Chlorit, Epidot, rosa Fluorit, Hämatit (Eisenrosen), Rutil, Titanit und Zeolithmineralien. Viele dieser Mineralien aus den Alpen gehören

Abb. 65
Rauchquarz vom Zinggenstock, Grimselgebiet (BE). Längster Kristall ca. 8 cm. Kristallmuseum Rufibach, Guttannen.
Foto M. Weibel.

Abb. 66
Zerrklüfte im Giuv-Syenit UR. Das ursprünglich massige Eruptivgestein ist bei der Gebirgsbildung teilweise verschiefert worden (seitliche Einengung). Im nicht verschieferten Gesteinsblock der Bildmitte sind gleichzeitig infolge einer Ausweichbewegung fast horizontale Zerrklüfte aufgerissen.

zu den Prunkstücken mineralogischer Sammlungen in der ganzen Welt *(Abb. 67, 68)*.

Die Entstehung von Klüften und Kristallen

In den Graniten und Gneisen der Zentralmassive kam es bei der alpinen Gebirgsbildung durch die einengenden Kräfte zu einer zonenweisen Verschieferung der Gesteine. Gleichzeitig wurden durch Dehnungskräfte in den angrenzenden kompakteren Gesteinen Klüfte aufgerissen (s. *Abb. 66)*. Das Ganze spielte sich in rund zehn Kilometern Tiefe ab, bei Drücken und Temperaturen von maximal 400 bis 550°C. Das entspricht den Bedingungen einer Metamorphose in Grünschieferfazies und beginnender Amphibolitfazies (S. 110). In die Hohlräume strömten sofort heisse Wässer mit aus der Umgebung herausgelösten Mineralstoffen. Bei der späteren langsamen Abkühlung, bedingt durch Hebung und Abtragung des Gebirges, kristallisierten die gelösten Mineralien aus, indem sie von der Kluftwand frei ins flüssigkeitsgefüllte Innere der Kluft wuchsen. Durch fortgesetzte Hebung und Abtragung gelangten die Zerrklüfte schliesslich nahe an die Erdoberfläche, wo sie durch Erosion oder menschliche Tätigkeit (Stollen- und Dammbau, Kristallsucher) freigelegt werden können.
Die klassischen Zerrkluftgebiete der Alpen sind auf die grossen Kulminationen des Gebirges beschränkt; Aarmassiv/Gotthardmassiv und die angrenzenden penninischen Decken einerseits und Mont Blanc-Massiv anderseits.
In den Zentralmassiven sind die Klüfte fast horizontal, während sie im Deckengebiet steil bis vertikal (senkrecht zu den Faltenachsen) stehen. Die grössten Zerrklüfte finden sich im zentralen Aaregranit des Aarmassivs: Die 1719 am Zinggenstock im Grimselgebiet durch die Gebrüder Moor entdeckte Grosskluft hat mindestens 20 Tonnen farblose Quarzkristalle geliefert, und eine Kluft am Tiefengletscher (gefunden 1868) gegen 10 Tonnen zum Teil prachtvolle Rauchquarze. Auch in neuerer Zeit sind in dieser Region mehrere Klüfte mit bis zu zwei Tonnen Quarz ausgebeutet worden.
In der Stirnzone der penninischen Monte Leone-Decke im Binntal (Wallis) hat das Zusammentreffen seltener Elemente in einem Triasdolomit zu einem einzigartigen Mineralvorkommen geführt. Für 15 der hier vorkommenden Sulfosalze, Kombinationen der

Abb. 67 ▶
Eisenrose aus dem Fellital (UR). Durchmesser 11 mm. Sammlung Ernst Rufibach, Guttannen. Foto T. Schüpbach.

Abb. 68 ▶
Brookit von Elm (GL). Länge ca. 2 cm. Sammlung Ernst Rufibach, Guttannen. Foto T. Schüpbach.

Bei Kraftwerk-Stollenbauten an der Grimsel wurde 1974 bei der Gerstenegg unter dem Räterichsbodensee eine grosse Kristallkluft angefahren. Dank einem Zusammentreffen glücklicher Umstände war es möglich, diese einmalige, gegen 12 m lange Kluft mit prachtvollen, wasserklaren Bergkristallen und anderen Mineralien zu erhalten, unter Naturschutz zu stellen und sogar der Öffentlichkeit zugänglich zu machen. Geführte Besuche (in der Regel nur kombiniert mit einer Besichtigung der Kraftwerkanlagen) nach Voranmeldung bei den Kraftwerken Oberhasli AG, 3862 Innertkirchen, Tel. 036 72 61 31.

Metalle Blei, Kupfer, Silber und Thallium mit Antimon, Arsen und Schwefel, ist das Binntal, vor allem die Lokalität Lengenbach, der einzige Fundort der Welt.

Strahlen – uralter Broterwerb und modernes Hobby

Funde von Bergkristallen in Pfahlbauten zeigen, dass diese schönen Mineralien den Menschen seit jeher fasziniert haben *(Abb. 92,* S. 165). Suche und Verkauf von Kluftmineralien, immer in erster Linie der Quarze, war und ist eine volkswirtschaftlich nicht unbedeutende Erwerbsquelle der Bergbevölkerung. Heute steht dem alpinen Berufs- oder Nebenberufs-Kristallsucher (Strahler) eine wachsende Anzahl mehr oder weniger fachkundiger Amateure gegenüber. Durch rücksichtslosen Abbau wurde in vielen Gebieten die Landschaft in Mitleidenschaft gezogen. Dies hat vielerorts zu einschränkenden Bestimmungen durch die Behörden geführt, vom obligatorischen Erwerb eines Strahlerpatents bis hin zum totalen Suchverbot.

Wer sich ernsthaft mit dem Suchen und Sammeln von Kluftmineralien befassen möchte, tut gut daran, einer Strahlervereinigung beizutreten. Kontaktadresse: Schweiz. Vereinigung der Strahler und Mineraliensammler (SVSM), Sekretariat, Postfach 71, 2500 Biel 8 Mett.

In der Schweiz werden zwei Strahlerzeitschriften herausgegeben, «Schweizer Strahler», das Vereinsorgan des SVSM, und der «Mineralienfreund» des Vereins Urner Mineralienfreunde (Postfach 161, 6472 Erstfeld). Für den Einstieg sind die beiden, im Literaturverzeichnis auf S. 187 aufgeführten Bücher «Die Mineralien der Schweiz» und «Mineralien sammeln» gut geeignet.

6. Die Entstehung des heutigen Alpenreliefs

Man mag sich angesichts der in Gipfel, Bergketten, Passübergänge und Täler mit Flussläufen und Seen gegliederten alpinen Landschaft fragen, wie der Bau des Untergrundes und die vielfältige Gestalt der Oberfläche zusammenhängen. Ein derartiges Relief entsteht dadurch, dass Wasserläufe und Gletscher den Gebirgskörper ungleichmässig abtragen. Täler und Mulden werden entlang von Schwächezonen des Gebirges eingetieft; das sind Schichtgrenzen, tektonische Kontake – wo wegen der Bewegungen Gesteine zerbrochen und zerruttet sind – Kluftzonen und weiche oder wasserlösliche Schichten wie Ton, Mergel, Kalk, Gips und Schiefer.

Klüfte nennt man die Fugen, welche viele Gesteine in parallelen Scharen – Kluftsysteme oder Kluftscharen – durchsetzen. Ihre Entstehung ist immer mit einer Gesteinsdeformation verknüpft; Verfaltung oder Schieferung bedeutet automatisch auch Kluftbildung. Der Zusammenhang zeigt sich auch darin, dass wichtige Kluftsysteme rechtwinklig zu den Faltenachsen angeordnet sind.
An den einzelnen Kluftflächen ist der Zusammenhang der Schichten unterbrochen. Hier kann Wasser eindringen und zirkulieren, in löslichen Gesteinen Hohlräume auswachsen, und nahe der Oberfläche durch tausendfach wiederholtes Gefrieren und Wiederauftauen den Fels lockern, ja zerstören *(Abb. 69)*. Begünstigt ferner durch ihre senkrechte Lage – die Faltenachsen in den Alpen sind mehr oder weniger horizontal – werden Klüfte zum Hauptangriffsort der Abtragung im Gebirge.

Längstäler verlaufen parallel zu den Grossstrukturen (Deckengrenzen, Längsbrüche, Schichtung, Schieferung und Faltenachsen). Beispiele: die Achse Martigny – Chur (Rhonetal – Furkapass – Urserental – Oberalppass – Vorderrheintal) oder das Engadin.
Quertäler verlaufen parallel zu den Kluftsystemen, quer zu Schichtung, Schieferung und Faltenachsen. Beispiele: das Rhonetal unterhalb von Martigny, das Rheintal zwischen Chur und Sargans, das Haslital zwischen Grimsel und Brienz, die Achse Reusstal–Urnersee zwischen Andermatt und Schwyz. Die Täler der Al-

pen lassen sich vereinfacht als Netz von Längs- und Quertälern darstellen, ebenso zum Beispiel komplizierte Seeformen wie der Vierwaldstättersee. Auch die Formen sehr vieler Berggipfel lassen sich auf Schichtung/Schieferung und Klüftung zurückführen, wobei Art und Lagerung der Gesteine eine entscheidende Rolle spielen *(Abb. 77–79,* S. 133).

Abb. 69
Zerfallender Felsgrat mit senkrechter Klüftung und flachliegender Schieferung.

Abtragung, Transport und Ablagerung

Wie die Abtragung arbeitet, weiss jeder Bergwanderer. Er sieht, wie auf den Gräten das Gestein unter dem Einfluss des Frostes gelokkert wird und wie es als Steinschlag über Wände und durch Rinnen *(Abb. 69* und *70)* auf Schutthalden oder Gletscher stürzt. Bäche übernehmen die eckigen Gesteinsbrocken, die sie auf dem Transport talwärts abrunden und zerkleinern, dabei auch das Gestein ihres Bettes lockernd und abschleifend.
Auf diese Weise gelangen mit unseren Bergflüssen gewaltige Massen in die Seen am Alpenrand. So bringt beispielsweise der Alpenrhein jährlich rund 4 Millionen Tonnen Abtragungsschutt – Geröll, Sand und Ton – in den Bodensee. Gleichmässig auf das Einzugsgebiet verteilt entspricht dies einer Gesteinsschicht von 0,46 mm Dicke. Messungen an vielen anderen Alpenflüssen und

Abb. 70
Abtragung… Bis hausgrosse Blöcke stürzen durch diese Schuttrinne von den Gräten ins Tal. Zentraler Aaregranit, Grimselstrasse unterhalb Handegg.

-seen ergaben ähnliche Werte; sie bewegen sich zwischen 0,3 und 0,55 mm/Jahr.
Praktisch die gesamten Lockergesteinsmassen verbleiben definitiv in den Alpenrandseen. So hat sich im Brienzersee in etwas mehr als zehntausend Jahren (seit dem Rückzug der Gletscher) ein rund

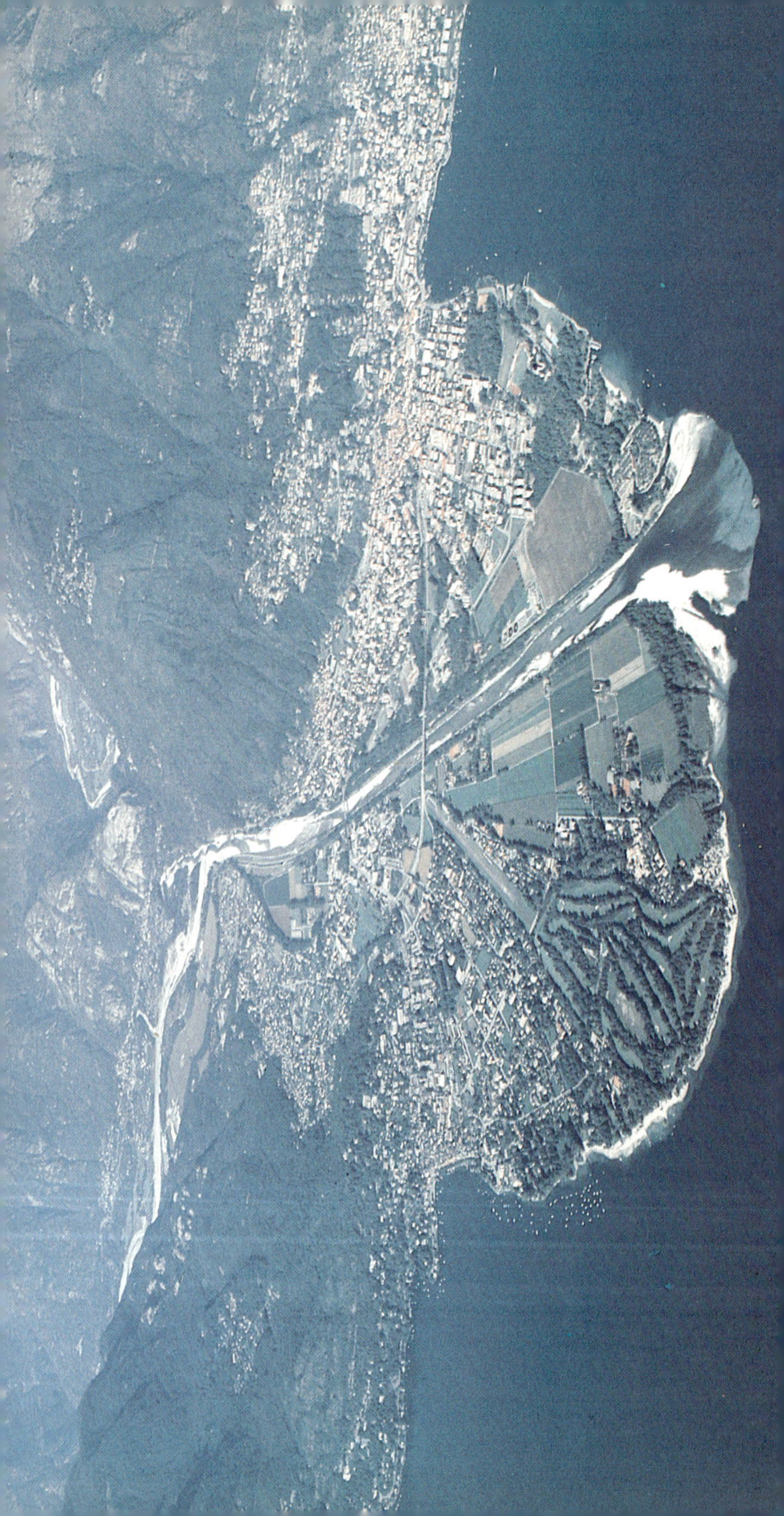

50 m dicker Stapel von Lockergesteinsschichten gebildet. Eine einfache Rechnung ergibt, dass diese Seebecken spätestens in einigen hunderttausend Jahren zugeschüttet sein werden.
Am Beispiel der heutigen Gletscher und Flüsse sehen wir, wie Eis und Wasser den Untergrund bearbeiten und verändern.

Gletscher formen den Untergrund

Wegen der im Eis eingeschlossenen Gesteinsbrocken (Grundmoräne) vermag der *Gletscher* seinen felsigen Untergrund kräftig abzuschleifen. Gletschererosion wirkt immer flächig und zugleich modellierend. Eine glazial geprägte Landschaft besteht daher aus flachen Mulden und Wannen jeder Grössenordnung, in denen härtere (oder auch nur günstiger gelegene) Gesteinspartien als Riegel oder stromlinienförmig gerundet als Gletscherbuckel erhalten bleiben (*Abb. 13* und *72*). Entlang den Schwachstellen des

Abb. 72
Vom Gletschereis geschliffener Fels im Vorfeld des Gauligletschers BE. Foto Heinz Wäspi.

◀ *Abb. 71*
Sedimentation. Das Delta der Maggia im Lago Maggiore. Seitlich angelehnt Ascona (links) und Locarno (rechts).

Gebirgskörpers (S. 127) formen die Talgletscher langgestreckte, von Riegeln unterbrochene wannenförmige Täler. Die vielzitierten U-Täler resultieren dabei aus einem eher zufälligen Zusammentreffen eines glazialen Talbeckens und senkrechten, talparallelen und talachsenbestimmenden Kluftsystemen.
An den Seitenhängen der Talgletscher schleifen Kargletscher rundliche flache Wannen – Kare – aus.
Vielerorts in den Alpen ist der Höchststand der eiszeitlichen Gletscher an der Schliffgrenze leicht erkennbar. Scharf kontrastieren hier die aus dem Eis herausragenden, während hunderttausenden von Jahren verwitterten Gratzacken und die tiefer gelegenen, eisgeschliffenen Felsen. Bemerkenswert ist die Fähigkeit der Gletscher zur Bildung übertiefter Becken. Darunter versteht man Mulden, die von einem tiefsten Punkt aus talauswärts wieder ansteigen, also unmöglich vom fliessenden Wasser ausgewaschen sein können. Diese Schürf- und Grabwirkung ist dort besonders ausgeprägt, wo mehrere Gletscher sich vereinigen. Ein eindrückliches Beispiel ist der Konkordiaplatz im Jungfraugebiet, der gegenüber dem unteren Aletschgletscher um mindestens 500 m übertieft ist. Bei vielen alpinen Tälern und bei den Seen am Alpenrand verbergen sich unter Schutt und Wasser übertiefte Becken, welche auf die Wirkung der mächtigen eiszeitlichen Gletscher zurückgehen. Auf der Alpennordseite liegt der Felsuntergrund bei den alpenferneren Seen – Thuner-, Zuger-, Zürich- und Bodensee – etwa auf Meeres-

Beim Bau des Lötschbergtunnels bohrten am 24. Juli 1908 die Mineure unter dem Gasterntal vom festen Fels her eine wasserdurchtränkte Schuttmasse an. Der in den Stollen einbrechende Kies- und Schlammstrom füllte diesen auf eine Länge von 1800 m auf; für 24 Arbeiter gab es kein Entrinnen. Niemand hatte vorausgesehen, dass das enge Tal mit seinem Felsriegel am Ausgang gegen Kandersteg mehr als 160 m unter die Talsohle übertieft und mit Lockergestein gefüllt war. «Die Unterführung (des Tunnels) unter dem Gasterenboden hat trotz der geringen Überlagerung nicht zu befürchten, auf Trümmergestein zu stossen. Der Tunnel wird also sicher noch von mindestens 100 m Felsgestein überhöht sein», hatten die Experten prognostiziert, wohlverstanden ohne unsere modernen geophysikalischen Methoden zur Erforschung des Untergrundes... Eine solche Untersuchung im Urserental ergab Mitte dieses Jahrhunderts, dass man beim Bau des Gotthard-Eisenbahntunnels 1872–1880 nur mit viel Glück vor einer ähnlichen Katastrophe verschont geblieben ist: nur rund 40 m Fels trennten unter Andermatt die Tunnelbauer von 250 Meter mächtigen Lockerschuttmassen des übertieften Urserentals.

Abb. 73
Von den eiszeitlichen Gletschern geprägte Granitlandschaft im Grimselgebiet BE. Die Schliffgrenze, den maximalen Eisstand markierend, reicht im Vordergrund bis unter die höchsten gezackten Gipfelgräte. Reste der eiszeitlichen Eismassen bilden Talgletscher (in der Bildmitte der Unteraargletscher als Fortsetzung des Grimselstausees) oder Kargletscher an den Seitenhängen. Im Hintergrund charakteristische Gipfelformen im steil geschieferten Gneis und Amphibolit (Finsteraar-/Lauteraarhorn).

niveau, bei den alpennahen – Genfer-, Brienzer-, Vierwaldstätter- und Walensee – wenige hundert Meter darunter. Auf der Alpensüdseite hat die geballte Kraft der Gletscher den Felsgrund unter dem Lago Maggiore und dem Lago di Como auf über sechshundert Meter unter Meeresniveau ausgeschürft, unterstützt vielleicht durch junge tektonische Bewegungen im Untergrund.

Von der Arbeit des Wasser

Das ***Wasser*** arbeitet sich linear in die Tiefe. Es bildet in hartem Gestein steilwandige, enge Schluchten, in weichem Gestein V-förmige Rinnen. Viele dieser Schluchten, zum Beispiel die Aareschlucht *(Abb. 52)*, sind subglazial, unter dem Gletscher entstanden. Auch die Gletschermühlen oder Gletschertöpfe zeugen davon, dass Gletschertätigkeit stets von Wassererosion begleitet ist.

Die Eintiefung und Verbreiterung des Bach- und Flussbetts erfolgt durch die Schleifwirkung des sand- und geröllführenden, strömenden und strudelnden Wassers. Bei diesem Vorgang wird gleichzeitig auch das mitgeführte Gesteinsmaterial abgeschliffen und abgerundet; eckige Brocken werden zu «Geröll». Das Wasser vermag aber Gestein auch chemisch anzugreifen. Kohlendioxidhaltige Wässer können aus entsprechenden Gesteinen – Kalkstein und Sandstein – bis zu einem Gramm Calciumcarbonat («Kalk»; Calcit) herauslösen. Voraussetzung ist ein enger Kontakt, an der Oberfläche, in Spalten, in Poren oder langsam fliessenden Grundwasserströmen. Die an sich geringen Mengen können sich zu gewaltigen Massen aufsummieren. Allein dem Thunersee werden jährlich aus den Bergen des Berner Oberlandes über 400 Millionen Tonnen gelösten Kalks zugeführt; dazu kommen noch rund 150 Millionen Tonnen Gips in gelöster Form. Fast alle unsere natürlichen Gewässer enthalten Kalk, in Kalkstein- und Sandsteingebieten mehr, im kristallinen Gebirge der Alpen weniger.

Der Kalkgehalt des Wassers, seine «Härte», wird bei uns in französischen Härtegraden (°fH) angegeben. Ein °fH entspricht zehn Milligramm gelöstem Kalk pro Liter Wasser. Wasser von 20 °fH, wie es etwa im Mittelland häufig vorkommt, enthält demnach im Liter 200 Milligramm oder $^1/_5$ Gramm Kalk. Im Alltag ist die Kenntnis der Wasserhärte wichtig für die richtige Dosierung von Waschpulver.

An der Oberfläche von wenig geneigten Kalksteinschichten führt die über Jahrtausende wirksame Lösungsarbeit des Wassers zu tief eingeschnittenen, in der Fliessrichtung verlaufenden Rinnen, den Karren oder Schratten *(Abb. 75)*. Solche Karstgebiete sind arm an

Abb. 74
Die Aareschlucht bei Meiringen BE, prachtvolles Beispiel für die Tiefenerosionskraft des Wassers.

Abb. 75
Karrenfeld im helvetischen Schrattenkalk der Sieben Hengste BE.

Oberflächengewässern, denn das Wasser versickert an Kluft- und Schichtfugen rasch in die Tiefe. Dort setzt es, unsichtbar, aber wirksam, seine Tätigkeit fort, und erweitert die Spaltensysteme durch Kalklösung zu ***Höhlen***. Karren und Höhlen gehören zusammen. Am häufigsten finden sie sich in der Frontzone der helvetischen Decken zwischen Thunersee und Rhein.
Zwei Gebiete sind von besonderer Grösse und Schönheit:

1. Die rund 250 km^2 grosse Karstlandschaft der Silbern und der Charetalp im Muotathal (Kanton Schwyz), mit dem Hölloch, einem Höhlensystem von gegenwärtig 156 km erforschter Gesamtlänge.
2. Die Region Schrattenfluh-Hohgant nordöstlich des Thunersees im Kanton Bern mit dem 120 km langen Höhlensystem Hohgant-Sieben Hengste, und zahlreichen weiteren Höhlen, darunter die Beatushöhle als vielbesuchte Schauhöhle.

Beide Höhlensysteme, die übrigens zu den fünf grössten der Erde gehören, haben eine geologische Gemeinsamkeit: sie sind über den wasserundurchlässigen helvetischen Drusbergschichten (Tab. 3, S. 81) aus dem Schrattenkalk herausgewaschen und -gelöst worden.
Höhlen finden sich auch in allen anderen Kalkgebieten der Schweizer Alpen, in den Préalpes, den helvetischen Decken am Sanetsch- und Gemmipass und in der Falknis-Sulzfluh-Decke. Bei St. Léonard im Wallis hat sich nach dem Auswaschen einer grossen Gipsmasse ein unterirdischer See gebildet.
Im Jura sind Höhlen weit verbreitet. Karrenlandschaften sucht man dort allerdings vergeblich, sind sie doch von Lockergestein und Vegetation verdeckt; man spricht gelegentlich vom «grünen Karst». Hingegen verraten sich Höhlensysteme an der Oberfläche oft durch Reihen von Einsturztrichtern (Dolinen).
Ein Höhleninventar der Schweiz weist 75 Höhlen von über einem Kilometer Länge aus, mit einer Gesamtausdehnung von gegen 500 km.
Das eigentliche Höhlenforschen ist einem kleinen Kreis von gut ausgebildeten und ausgerüsteten Spezialisten vorbehalten. Eine ganze Reihe von Schauhöhlen erlauben aber auch dem breiten Publikum einen Blick in die faszinierende Innenwelt der Kalkgebirge:

Beatushöhlen, Sundlauenen (BE), Tel. 036 41 16 12
Grotte aux Fées, St. Maurice (VS), Tel. 025 65 10 45
Grottes de Reclère (JU), Tel. 066 76 61 55
Grottes de Vallorbe (VD) mit Orbe-Quelle, Tel. 021 843 25 83
Höllgrotten bei Baar (ZG), Tel. 042 31 83 70
Hölloch im Muotatal (SZ), Tel. 043 47 12 08
Unterirdischer See von St. Léonard (VS), Tel. 027 31 22 66.

Bei den angegebenen Telefonnummern wird Auskunft über Öffnungszeiten und Führungen erteilt (Stand 1992).

Abb. 76
Tropfsteine in der Taubenlochhöhle bei Biel BE. Tropfsteine und andere Sinterbildungen in Höhlen, aber auch Kalktuffe bei Quellaustritten sind Kalkausscheidungen aus fliessendem oder tropfendem Wasser. Sie machen deutlich, wie nahe beieinander (und nur von geringen Temperatur- und Druckschwankungen abhängig) Kalklösung und -ausfällung liegen.

Abwechselnde Eis- und Wassererosion

Studiert man die Formen der alpinen Täler, so stellt man bald fest, dass sie nur durch einen mehrfachen Wechsel von Eis- und Wassererosion zu erklären sind. Mehrere flache, symmetrische Felsterrassen an den Seitenhängen deuten auf mehrfaches Sich-Zurückziehen und Vorstossen der Gletscher während den Eiszeiten hin. Die Entstehungsgeschichte der alpinen Täler ist sehr kompliziert, und sie ist in vielen Einzelfällen nur unvollständig geklärt. Das Talnetz, die Abflussrichtungen und -verhältnisse haben sich schon im Oligozän und Miozän während der Faltung dauernd verändert. Am klarsten äussert sich dies in der Verschiebung der Flussdeltas und Fluss-Schuttfächer (der Nagelfluhfächer) und in den wechselnden Hauptabflussrichtungen im Molassebecken *(Abb. 9*, S. 24). Die Verlagerung des Fluss- und Talnetzes setzte sich auch später fort, im Pliozän, während den Eiszeiten und in der Gegenwart (auch wenn es für uns schwer erfassbar ist). Hauptursache für diese Verlagerungen ist die starke und ungleichmässige Heraushebung des Alpenkörpers in den letzten 20–30 Millionen Jahren (S. 157).
Und gerade diese Hebung ist in Zukunft für die Entwicklung und Erhaltung des alpinen Reliefs von entscheidender Bedeutung. Wir haben gesehen, dass sich in den Alpen Hebung und Abtragung ungefähr im Gleichgewicht befinden. Es sorgt dafür, dass die Berge einerseits «nicht in den Himmel wachsen», andererseits aber ihre Höhe bewahren und das nur durch ständige, starke Abtragung mögliche attraktive hochalpine Relief beibehalten.
Eine Erniedrigung zum hügeligen Mittelgebirge ist für die Alpen in dem Zeitpunkt zu erwarten, in dem die Hebung deutlich schwächer wird oder ganz aufhört. Dies wird dann der Fall sein, wenn die (nicht eindeutig feststehenden) Ursachen der Hebung wegfallen, die tektonische Einengung und/oder die Krustenverdickung unter den Alpen (S. 158).

Abb. 77 ▶
Bergformen im flachgelagerten Sediment: Autochthone kalkige Sedimente (Trias–Tertiär) in den Wendenstöcken bei Gadmen BE. Der Gesteinswechsel bewirkt die Stufung, senkrechte Klüfte haben die Auftrennung in Türme zur Folge.

Abb. 78 ▶
Das Anrissgebiet des Bergsturzes von Goldau in den schiefgestellten Nagelfluhbänken der subalpinen Molasse am Rossberg SZ.

Abb. 79 ▶
Bergformen im steilgestellten Kalkstein: die Engelhörner bei Meiringen. Bei derartiger Lagerung bilden härtere Schichten Gipfel und Grataufschwünge, weichere hingegen Gratlücken und -scharten.

7. Bergstürze

Bergstürze sind Bewegungen grosser Felsmassen, die mit hoher Geschwindigkeit an Bergflanken niedergehen. Die grossen Bergstürze der Alpen sind zeitlich an die letzten Phasen der Eiszeiten, an das endgültige oder zeitweilige Zurückweichen der Talgletscher gebunden. Anlass zum Absturz der in einer langen Verwitterungszeit gelockerten Felsmassen gab wohl eine Kombination mehrerer Faktoren: steile, instabile, zum Teil unterhöhlte Hänge beim Rückzug der Gletscher, Änderung der Wasserabflussverhältnisse, Auftauen von Dauerfrostboden usw. Erdbeben könnten den entscheidenden Anstoss zum Abgleiten gegeben haben.
Die fünf grössten Bergstürze der Schweiz liegen in den autochthonen oder parautochthonen, flach einfallenden helvetischen Sedimenten rings um das Aarmassiv. Es sind die Bergstürze von *Flims* (mit einer Sturzmasse von 12 Kubikkilometern), *Siders* (2 km^3), *Engelberg* (2 km^3), *Tamins* (GR, 1 bis 1,6 km^3) und *Kandersteg* (0,9 km^3). Eine Häufung findet sich ferner westlich und südlich von Glarus mit den Bergstürzen vom Dejenstock, Löcherwald-Stotzigen und Gruppen (alle zwischen 0,5 und 0,9 km^3). Dazu kommen sehr viele kleinere im ganzen Helvetikum. In kristallinen Gesteinen sind Bergstürze viel seltener und kleiner; erwähnenswert sind diejenigen von *Davos-Totalp* (um 0,5 km^3), *Chironico* (Valle Leventina TI, um 0,4 km^3), *Klosters-Gotschna* (0,3 km^3), *Poschiavo* (GR, um 0,17 km^3) und *Campo* (Valle Maggia TI, 0,12 km^3).

Der Flimser Bergsturz ist der grösste der Alpen. Rund 9 km^3 zerborstenes Gesteinsmaterial bedecken in einer mehrere hundert Meter dicken Schicht heute noch eine Fläche von 50 km^2. Es bildet einen bewaldeten, 12 km langen Riegel im Vorderrheintal unterhalb Ilanz, durch den sich der Rhein eine 600 m tiefe Schlucht bis auf sein ursprüngliches Niveau gegraben hat *(Abb. 80)*. Eine Spätfolge des Bergsturzes war der Ausbruch des durch Gestein und Eis gestauten Ilanzersees, wobei der Kessel von Reichenau – Bonaduz und das untere Domleschg mit Flutsedimenten überdeckt wurden.

Historische Bergstürze. Schliesslich ist über zwei historische Bergstürze zu berichten. Am 11. September 1881 stürzten in *Elm* (Kanton Glarus) 10 bis 11 Millionen m^3 Gestein in weniger als zwei Minuten 620 m tief ins Tal, zerstörten einen Teil des Dorfes und

brachten 115 Menschen den Tod. Der Berghang war durch die Ausbeutung von Flyschschiefern untergraben worden.
Nach drei niederschlagsreichen Jahren fuhr am 2. September 1806 vom *Rossberg bei Goldau* eine Nagelfluhplatte von 60 bis 100 m Dicke und einem Volumen von 35–40 Millionen m³ auf einer durchweichten Mergelschicht zu Tale. Die Gesteinsmassen begruben das Dorf Goldau mit 457 Einwohnern unter sich *(Abb. 78,* S. 133).

Abb. 80
Die Sturzmasse des Flimser Bergsturzes im Vorderrheintal. Blick nach Osten; im Hintergrund Reichenau und Chur.

8. Plattentektonik – eine allgemeine Einführung

In den sechzigerJahren wurde die Basis gelegt zu einem Konzept, welches unter dem Namen Plattentektonik unser heutiges geologisches Weltbild massgeblich bestimmt.
Auslöser war damals eine Flut von Daten und neuen Erkenntnissen aus wissenschaftlichen Forschungsprogrammen in aller Welt, vor allem aber auf den Böden der Ozeane.
Die Bedeutung dieser Plattentheorie liegt darin, dass es einer innovativen und unvoreingenommenen Forschergeneration erstmals gelungen ist, so unterschiedliche geologische Phänomene wie Gebirgsbildung, Erdbeben, Magmatismus, Kontinentalverschiebung und Entstehung wie Zerstörung von Ozeanbecken und Tiefseegräben in Zusammenhang zu bringen und ganzheitlich zu erklären.
Wir versuchen in diesem Abschnitt die Grundlagen der Plattentektonik kurz zusammenzufassen.

Grundlagen

Die äusserste Schicht der Erde besteht aus etwa einem Dutzend mehr oder weniger starrer Lithosphärenplatten, die auf einem dichteren, heissen, plastischen Untergrund – der Asthenosphäre – schwimmen (vgl. Kasten). Die Verteilung und die Benennung der Platten ist auf der Kartenskizze *Abb. 81* wiedergegeben. Die Flächenausdehnung vieler Platten, Tausende von Kilometern, ist im Verhältnis zur Dicke sehr gross – wäre dieses Buch die pazifische Platte, so betrüge seine Dicke nicht viel mehr als einen Millimeter; das wären der Deckel und die ersten 10–20 Seiten...

Zusammensetzung und Aufbau der äussersten Schichten der Erde

Die Gliederung nach dem Stoff: Erdkruste und Erdmantel
Die ERDKRUSTE ist die äusserste Schicht der Erde. Ihr Anteil am Erdvolumen beträgt weniger als 1%. Sie ist von variabler Dicke und Zusammensetzung: Die *Kruste der Kontinente* ist 25–35 km dick, unter den Faltengebirgen ist sie auf 50–70 km verdickt. Sie besteht aus plutonischen und metamorphen

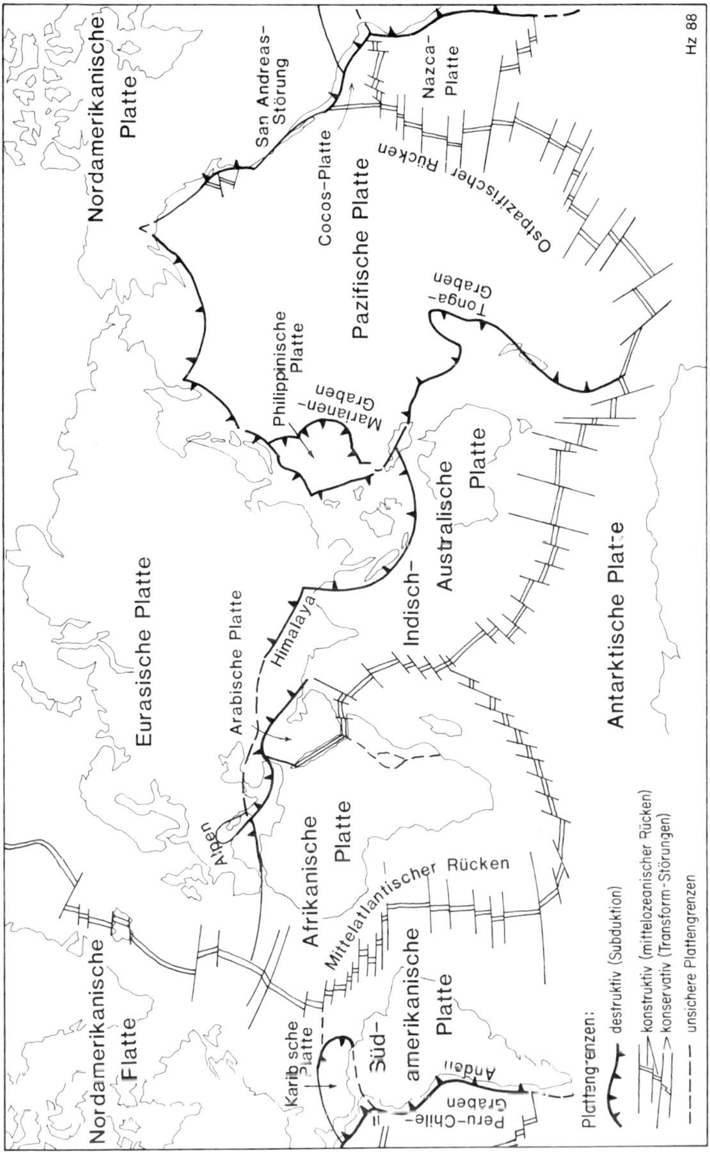

Abb. 81
Das Plattenmuster der Erde. Aus Heitzmann und Auf der Maur.

Gesteinen – häufig sind Gneise und Granite – und aus Sedimenten. Die *Kruste der Ozeane* ist nur 5–8 km dick. Unter einer Schicht von Meeressedimenten ist sie aus basischen magmatischen Gesteinen aufgebaut (Basalt und Gabbro).

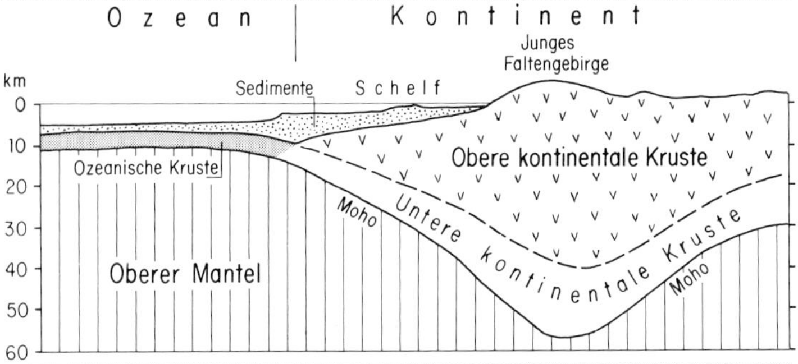

Der ERDMANTEL ist von der Dicke (fast 3000 km!) und vom Volumen (über 80% der Gesamterde) die mächtigste Schale der Erde. In seinem höchsten Teil, dem *Oberen Mantel,* besteht er überwiegend aus Peridotit, einem dichten Gestein aus den Mineralen Olivin und Pyroxen.
Die Grenzzone zwischen Kruste und Mantel nennt man die MOHO; das ist die Kurzform von «Mohorovičić-Diskontinuität». Es ist eine Materialgrenze.

Die Gliederung nach Materialeigenschaften: Lithosphäre und Asthenosphäre
Als LITHOSPHÄRE bezeichnet man die äusserste, sich starr verhaltende Schicht der Erde. Sie ist in einzelne Segmente, die PLATTEN, gegliedert. Die Lithosphäre umfasst die Erdkruste und einen Teil des Oberen Mantels mit einer Gesamtdicke von bis 150 km unter den Kontinenten und bis 100 km unter den Ozeanen. Darunter folgt die ASTHENOSPHÄRE, deren Gesteine sich aufgrund der hohen Temperaturen (höher als 1300°) und Drucke zähplastisch verhalten und die zum Teil aufgeschmolzen ist. Die Grenzzone Lithosphäre–Asthenosphäre liegt inmitten des Oberen Mantels; hier grenzen nicht verschiedene Gesteine, sondern solche gleicher Zusammensetzung, aber unterschiedlicher Eigenschaften aneinander.

Die meisten Platten sind uneinheitlich gebaut: sie bestehen aus einem ozeanischen, meerbedeckten Bereich, und einem kontinentalen, der aufgrund der Dicke seiner Kruste als Festland (als Kontinent eben) bis einige Kilometer weit über den Meeresspiegel

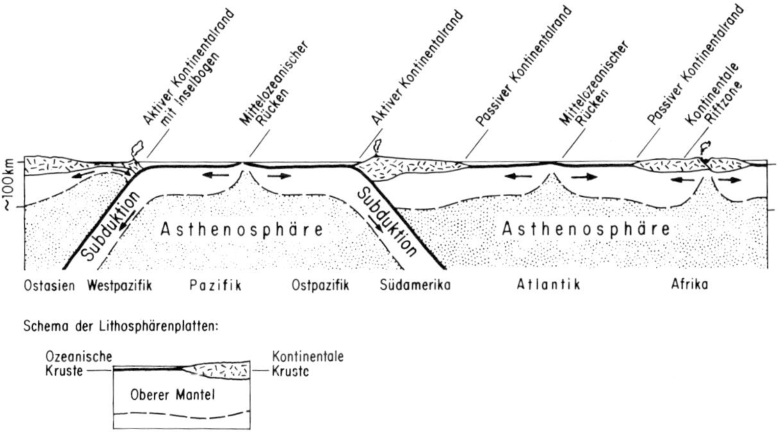

Abb. 82
Lithosphärenplatten: Aufbau und Anordnung in einem schematischen West–Ost-Schnitt zwischen Ostafrika und Ostasien. Nach Heitzmann/Auf der Maur.

hinausragt. Einige wenige Platten sind rein ozeanisch; die weitaus grösste und bedeutsamste von ihnen ist die pazifische.
Die Platten verschieben sich gegeneinander, und zwar mit Geschwindigkeiten von einigen Zentimetern pro Jahr. Diese Beträge lassen sich zum Teil mit den heutigen Methoden direkt messen, beispielsweise mit Satellitengeodäsie, zum Teil kann man sie indirekt herleiten.
Grundsätzlich kann man drei Arten der Verschiebung unterscheiden:

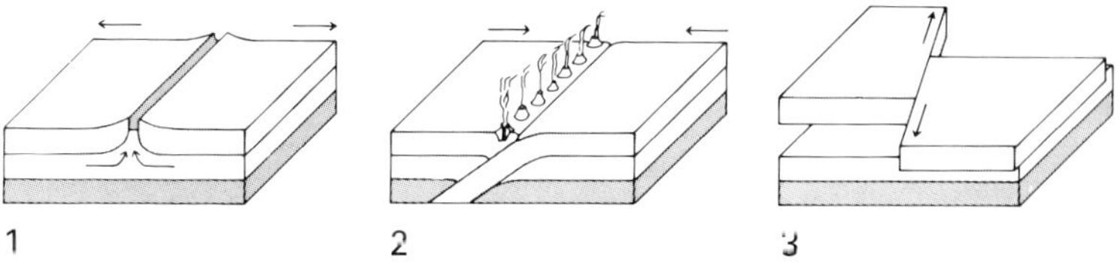

1. Platten entfernen sich voneinander. Man spricht von «divergierenden», oder, weil Platten vergrössert werden, von «konstruktiven» Plattengrenzen.
2. Platten bewegen sich aufeinander zu, sie kollidieren. Dies sind die «konvergierenden» oder «destruktiven» Plattengrenzen.
3. Platten bewegen sich seitwärts aneinander vorbei. Dies sind «konservative» Plattengrenzen.
   Wie nicht anders zu erwarten, ist die beobachtete Wirklichkeit komplizierter: Bewegungen an Plattenrändern stellen oft Kombinationen der drei Möglichkeiten dar, beispielsweise Trans-

formbrüche mit divergierender, ausweitender Tendenz (vgl. z.B. S. 150). Ferner sind Plattenränder oft unregelmässig geformt. Vor allem dort, wo drei Plattengrenzen aneinanderstossen (sogenannte Tripelpunkte) müssen zwingend kombinierte Bewegungen schief zu irgendwelchen Plattenrändern auftreten.

Alles wesentliche geodynamische Geschehen auf der Erde ist an Plattengrenzen gebunden: Gebirgsbildung, Erdbeben, Magmatismus/Vulkanismus, Bildung und Zerstörung von Erdkruste.

Es ist heute im Grundsatz allgemein akzeptiert, dass die Antriebskraft für die Plattenbewegungen in grossräumigen, walzenförmigen, langsamen Strömungen innerhalb der Asthenosphäre zu suchen ist. In einer solchen Walze oder Zelle, so stellt man sich vor, kommt es zu einer Konvektion, das heisst, wie das warme Wasser in den Rohren einer Zentralheizung steigt heisseres Mantelmaterial auf, und kühleres sinkt ab. Damit es zu Konvergenzen und Divergenzen von Platten kommen kann, müssen benachbarte Zellen entgegengesetzte Umwälzrichtung haben. Vieles ist hier noch in Diskussion, wie bei allen Vorgängen, die im Erdinnern fern jeder direkten Beobachtung ablaufen.

Divergierende Plattengrenzen: mittelozeanische Rücken und Riftzonen

Beim Betrachten einer Weltkarte oder – deutlicher – eines Globus fällt auf, dass sich die Kontinente Europa, Afrika, Nord- und Südamerika sowie Grönland wie ein verschobenes Puzzle zusammenfügen lassen. Diese Beobachtung hatte Alfred Wegener 1915 zu seiner Theorie der Kontinentalverschiebung angeregt. Bereits damals konnte er nachweisen, dass alte Gebirgszüge der Kontinente beidseits des Atlantiks übereinstimmen, und dass die gemeinsame Entwicklung der Lebewesen der Kontinente im Mesozoikum abreisst. Eine befriedigende Erklärung für dieses offensichtliche Auseinanderdriften der Kontinentmassen gelang erst der modernen Ozeanforschung. Von zentraler Bedeutung war dabei die Entdeckung und Untersuchung der ***Mittelozeanischen Rücken*** im Atlantik und im südlichen Indischen und Pazifischen Ozean. Der Mittelatlantische Rücken erstreckt sich von Grönland bis in die Antarktis, die Konturen der Kontinente getreu nachzeichnend. Mit einer Länge von über 10 000 km und einer mittleren Höhe von 3000 m (gemessen ab Boden Tiefsee) ist er eines der grössten Gebirge der Erde. Trotzdem wäre er auch trockengelegt für Alpinisten wenig attraktiv, beträgt doch der Böschungswinkel bei einer Breite von rund 1600 km deutlich weniger als ein Prozent. Nur in wenigen Vulkaninseln, die wichtigste von ihnen ist Island, erhebt sich der Rücken über den Meeresspiegel. Entlang der Scheitellinie erstreckt sich ein etwa zwei Kilometer breites, schlucht-

artiges Tal, die heutige Nahtstelle der auseinanderweichenden Platten. Hier dringt andauernd aus dem wenige Kilometer darunter liegenden Oberen Mantel aufgeschmolzene basaltische Lava auf. Im Kontakt mit dem Wasser erstarrt sie mit den typischen, kissen- oder schlauchartigen Formen der Kissenlava oder Pillowlava. In tieferen Lagen kristallisiert sie langsamer zum entsprechenden grobkörnigen Tiefengestein Gabbro. Darunter folgt bereits der Peridotit des Oberen Mantels, der teilweise unter dem Einfluss eindringenden Meerwassers zum leichteren und daher in Spalten aufgestiegenen Serpentinit umgewandelt worden ist.
Das Aufdringen der Lavamassen und ihre Volumenvergrösserung ist für die grossräumige Aufwölbung des Rückens verantwortlich. Das Ausfüllen der Naht und das Aufreissen einer neuen verlaufen kontinuierlich. Beide angrenzenden Platten vergrössern sich dadurch gleichermassen durch Anlagerung neugebildeter, ozeanischer Kruste. Zugleich verbreitert sich der Atlantik als Ganzes. In der Literatur nennt man diese Erscheinung «sea-floor spreading» (wörtlich «Meeresbodenausdehnung», auch Spreizung).
Auf die Versetzung der mittelozeanischen Rücken an Querbrüchen wird auf Seite 145 eingegangen.
Mit Hilfe von radiometrischen Altersbestimmungen (S. 61) an Basalten, aber auch durch eine Datierung der darüber abgelagerten, gleichaltrigen Sedimente mit Fossilien, kann das Alter eines

Der Beweis für dieses sea-floor spreading, eines der wichtigsten Phänomene der Plattentektonik, fand sich im ***Gesteinsmagnetismus.***

Jeder Basalt enthält geringe Mengen des Minerals Magnetit. Im Verlaufe des Abkühlens, bei einer Temperatur, die als Curie-Punkt bezeichnet wird, übernehmen die Magnetitkriställchen das jeweilige Magnetfeld der Erde, und diese Anordnung wird im Gestein für alle Zeiten fixiert. Man weiss aber, dass sich (aus unbekannten Gründen) das Magnetfeld der Erde ein- bis fünfmal pro Million Jahre umpolt, das heisst, der magnetische Nordpol wird zum Südpol und umgekehrt. Bei der Untersuchung der atlantischen ozeanischen Kruste auf ihren Magnetismus (von Schiffen aus) hat man eine streifenartige Anordnung unterschiedlich magnetisierter Gesteine entdeckt, mit perfekter Symmetrie zum Mittelatlantischen Rücken *(Abb. 83)*. Die Interpretation liegt auf der Hand: je zwei zueinander symmetrische, gleich magnetisierte Gesteinslagen (gleiche Zahlen in *Abb. 83)* sind gleichzeitig an der Plattennaht gefördert und abgekühlt, dann aber durch das fortdauernde Auseinanderweichen der Platten getrennt worden.

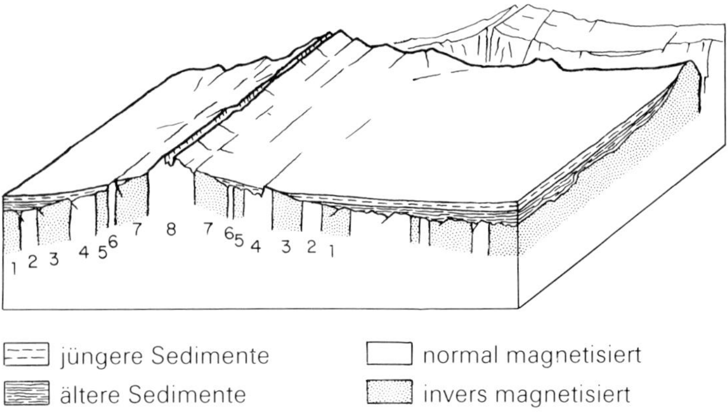

Abb. 83
Schematischer Schnitt durch einen Mittelozeanischen Rücken zur Erklärung des Magnetismus der ozeanischen Kruste. Nach Trümpy.

Stücks Ozeanboden festgelegt werden. Diese Alter nehmen vom Mittelozeanischen Rücken gegen die Kontinente hin zu; das Gesamtbild lässt präzise Rückschlüsse auf die Öffnungsgeschichte des Atlantiks zu. Die höchsten gefundenen Alter entsprechen mit etwa 165 Millionen Jahren der Doggerzeit. Damals, zu Beginn des Mesozoikums, muss ein alter riesiger Kontinent zerbrochen sein, und die Bruchnaht muss sich seither sukzessive zum heutigen Atlantik verbreitert haben. Eine Überschlagsrechnung ergibt bei rund 5000 km heutigem Abstand der Kontinente und 165 Millionen

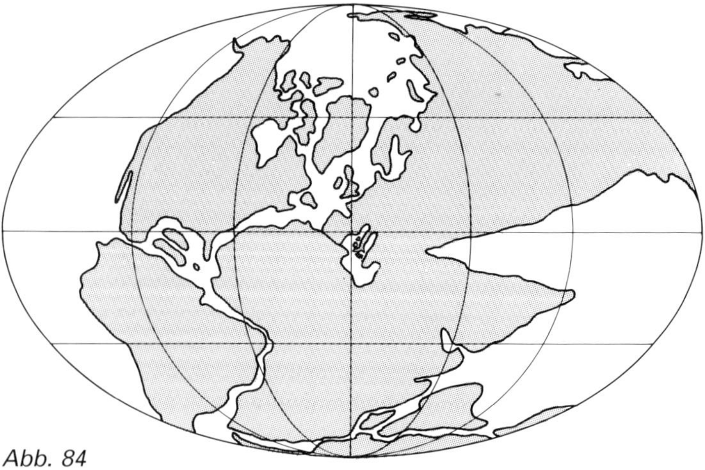

Abb. 84
Rekonstruktion des Riesenkontinents Pangäa.

Jahren eine mittlere Öffnungsgeschwindigkeit von rund 3 cm/Jahr, was mit den heute gemessenen Werten gut übereinstimmt.
Wie man sich das Aufbrechen eines Kontinentes – ***Rifting*** genannt – vorzustellen hat, kann man heute in Ostafrika beobachten. Entlang einem verzweigten, generell Nord–Süd gerichteten System schmaler, langgestreckter Bruchzonen bricht hier der afrikanische Kontinent auseinander: Teile sind das Rote Meer und der Golf von Aden (zugleich Nahtzonen zur Arabischen Platte), das Afar-Tiefland und die so markanten ostafrikanischen Gräben mit ihrem aktiven Vulkanismus und ihren Binnenseen. Die Ursache für das Aufreissen derartiger Bruch- oder Riftzonen ist in einer Aufbeulung der Asthenosphäre und einer damit verknüpften Ausdünnung der Lithosphäre zu suchen; das führt in der Kruste zur Bildung von ausgedehnten Grabenbrüchen und schafft Aufstiegswege für Laven. In einigen dieser Gräben, so zum Beispiel im Roten Meer, hat sich bereits ein Mittelozeanischer Rücken entwickelt; in den ostafrikanischen Grabenbrüchen hingegen scheint das Rifting zu einem Stillstand gekommen zu sein.

Konvergierende Plattengrenzen: Subduktion und Gebirgsbildung

Wenn zwei Platten aufeinanderprallen, dann sind dramatische Effekte zu erwarten. Die Art dieser Ereignisse hängt von der Beschaffenheit der Platten ab. Kollidieren *zwei ozeanische Platten* oder eine *ozeanische und eine kontinenttragende*, so wird die eine ozeanische Platte gegen unten abgebogen und in einem Neigungswinkel von 45 bis 60° mehrere hundert Kilometer tief in die Asthenosphäre hineingestossen. Diesen Vorgang nennt man ***Subduktion.*** Das Einspiessen der Lithosphärenplatte verursacht heftige Erdbeben, deren Herde in der Richtung des Abtauchens immer tiefer zu liegen kommen. Durch Druck- und Temperaturzunahme werden die Gesteine der subduzierten Platte metamorph; weil relativ «kühle» Gesteine rasch in die Tiefe versenkt werden und unter entsprechend hohen Druck geraten, spielt sich die Metamorphose unter den speziellen Bedingungen der Blauschiefer- und der Eklogitfazies ab (S. 109 / 110). Das aus einer teilweisen Aufschmelzung der Gesteine entstehende Magma steigt entweder bis an die Erdoberfläche auf und führt zu aktivem Vulkanismus, oder aber es erstarrt in der Tiefe zu Graniten oder verwandten Tiefengesteinen. In Tiefen von einigen hundert Kilometern schliesslich wird die subduzierte Platte in der Asthenosphäre aufgelöst. Hier schliesst sich eine Art Kreislauf, der an den Mittelozeanischen Rücken mit der Neubildung ozeanischer Kruste angefangen hat. Unter diesem Blickwinkel ist die Bezeichnung «destruktiver Plattenrand» gerechtfertigt. Umgekehrt entsteht dabei aber auch neue kontinentale Kruste.

Die bedeutendsten Subduktionszonen der Erde sind in auffallender Weise rings um den Pazifik konzentriert. Sie geben sich zu erkennen an den Tiefseegräben, an der überaus intensiven Erdbebentätigkeit und am Vulkanismus; hier finden sich etwa zwei Drittel der rund 750 aktiven, über dem Meeresspiegel gelegenen Vulkane der Erde.
Am Westrand des Pazifiks wird die pazifische Platte unter den ozeanischen Teil der eurasischen und unter die philippinische Platte subduziert.
Hier lassen sich lehrbuchmässig die typischen Erscheinungen beobachten: Tiefseegräben als eigentliche Nahtstellen der beiden Platten, landeinwärts davon vulkanische Inselbögen, dahinter bis zum Kontinentalrand ein nicht sehr tiefes Randmeer («back-arc basin»). Im Tiefseegraben bilden sich durch Trübeströme flyschartige Ablagerungen (S. 62); gemeinsam mit Fetzen von Ozean-Sedimenten und ozeanischer Kruste der abtauchenden Platte werden sie zwischen die beiden Platten gezogen und verwalzt. Derartige chaotisch gebaute Gesteinspakete nennt man *Mélanges* oder *Akkretionskeile.*

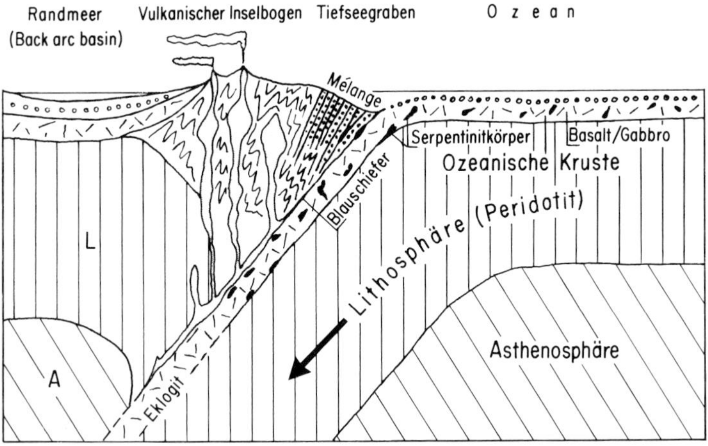

Abb. 85
Schnitt durch eine Subduktionszone am Beispiel des Westpazifiks.

Die Subduktion am Ostrand des Pazifiks in den Anden Südamerikas hat etwas anderen Charakter. Hier taucht eine ozeanische, die Nazca-Platte, unter die kontinentale Kruste der südamerikanischen Platte ab. Der Winkel ist mit etwa 60° deutlich steiler als am Pazifik-Westrand. Hinter dem Tiefseegraben kann sich kein Inselbogen bilden, und die entstehenden vulkanischen und plutonischen Gesteine dringen in die kontinentale Kruste ein.
Der weitaus komplizierteste, aber auch der faszinierendste Fall ist

die Kollision zweier kontinenttragender Platten. Kontinentale Kruste ist wegen ihrer geringeren Dichte nicht subduzierbar. Es muss also (eventuell nach einer vorgängigen Subduktion ozeanischer Plattenteile) zu einem Zusammenprall kommen. Dabei zerspringt die kontinentale Kruste in Späne, die sich ineinander verkeilen und als Decken übereinander geschoben werden. Die derart bis auf 40–60 km verdickte Kruste wird später zum Hochgebirge herausgehoben. Alpen und Himalaya sind auf diese Weise entstanden.

Konservative Plattengrenzen: Transformbrüche und schwere Erdbeben

Bei dieser dritten Möglichkeit von Plattenbewegung verschieben sich Platten seitwärts aneinander vorbei; theoretisch zumindest kommt es dabei weder zu Einengung noch zu Ausweitung, daher die Bezeichnung «konservativ».
Derartige horizontale Verschiebungen sind seit langem auf den Kontinenten bekannt. Man nannte sie «Blattverschiebungen», heute setzt sich der Ausdruck «Transformbruch» oder «Transformstörung» (entsprechend dem englischen transform fault) mehr und mehr durch. Es gibt nur zwei Möglichkeiten des Versetzungssinnes der beiden Blöcke: Wird der vom Betrachter her gesehen jenseitige Block nach rechts verschoben (verläuft die Versetzung also im Uhrzeigersinn), bezeichnet man sie als «rechtshändig» oder «dextral». Der andere Fall wäre eine «linkshändige» oder «sinistrale» Versetzung. Der auf Seite 139 dargestellte Transformbruch ist dextral.
An Plattengrenzen müssen zwei Fälle unterschieden werden:
- Platten schrammen entlang bedeutender, viele hundert Kilometer langer Transformstörungen aneinander vorbei. Der Aufbau von Spannungen und ihre ruckartige Lösung bewirkt, dass solche Zonen überaus erdbebengefährdet sind. Das bekannteste Beispiel ist die San Andreas-Bruchzone in Kalifornien, andere befinden sich in der Türkei oder in Nordafrika.
- Mittelozeanische Rücken werden in regelmässigen Abständen von Transformbrüchen versetzt, so dass sie in Übersichtsdarstellungen regelrecht zerhackt erscheinen *(Abb. 81)*. Die Verschiebungen an diesen Brüchen vollziehen sich gleichzeitig mit der Ausweitung – Spreizung – an den mittelozeanischen Rücken. Es sind offenbar Ausgleichsbewegungen, bedingt durch die Bogenform der Platten (Geoid-Oberfläche) und die polwärts geringer werdende Spreizungsgeschwindigkeit.

Die Brüche verlaufen streng parallel zu den Breitengraden, was auf Kartendarstellungen nicht gut zum Ausdruck kommt. Im übrigen handelt es sich nicht um einzelne scharfe Bruchflächen, sondern um etwa 60 km breite Bruchzonen; die Länge beträgt einige hundert bis wenige tausend Kilometer, wobei nur der zentrale Teil aktiv und durch Erdbeben eher geringer Stärke gekennzeichnet ist.

Erfolg und Grenzen eines Konzepts

Plattentektonische Denkweise und Interpretationen haben in den letzten Jahrzehnten die geologische Forschung in der ganzen Welt beherrscht. Ganz in der Tradition des Aktualismus hat man die heute ablaufenden und beobachteten Erscheinungen auf die geologische Vergangenheit übertragen, und dies zweifellos mit Erfolg. Es gibt kein Gebirge auf der Erde, für dessen Entstehung nicht plattentektonische Modelle existierten. Und viele dieser Modelle sind deshalb so einleuchtend, weil sie (z. T. längst bekannte) Einzelerscheinungen zu einem logisch-plausiblen Ganzen verknüpfen. Darin liegt unbestritten die Stärke der Plattentheorie.
Wir zeigen im nächsten Abschnitt, vor allem auf den Seiten 150–159, wieviele plattentektonische Phänomene sich in den Alpen wiederfinden lassen:

- Das Zerbrechen – Rifting – einer alten, kontinentalen Platte;
- der grosstektonisch bedingte, spektakuläre Wechsel von divergierender zu konvergierender Plattenverschiebung;
- die Subduktion der ozeanischen Kruste mit begleitender Hochdruckmetamorphose;
- eine Kontinent–Kontinent-Kollision mit Verzahnung der beiden Krustenblöcke unter Bildung eines Deckenstapels;
- die Heraushebung zum Hochgebirge.

Zweifellos zeichnet sich der Ablauf der alpinen Gebirgsbildung in den grossen Zügen klarer ab denn je. Dies darf aber nicht darüber hinwegtäuschen, dass Vieles immer noch unverstanden und unklar ist, beispielsweise im Zusammenhang mit den frühen Subduktionen. Man sollte sich auch immer wieder folgendes vergegenwärtigen: Es gehört zum Wesen einer Gebirgsbildung, dass in ihrem langen Verlauf dauernd Zeugen früherer Phasen verwischt, überprägt oder zerstört werden, durch Subduktion, Verstellung, Verfaltung, Deckenbildung, Metamorphose, Hebung und Abtragung. Manches ist wohl einfach nicht mehr zu rekonstruieren, mit oder ohne Plattentheorie, und das bedeutet, dass es immer noch Raum für Intuition und auch Spekulation gibt. Und wenn dies schon bei einem «jungen» Gebirge wie den Alpen der Fall ist, dann wohl erst recht bei älteren Orogenen wie dem variszischen und dem kaledonischen, welche nachträglich von jüngeren Gebirgsbildungen – plattentektonischen Zyklen – erfasst worden sind! Hier ist gelegentlich eine gewisse Skepsis am Platz gegenüber Modellen, die mit leichter Hand entworfen und mit beindruckendem Fachvokabular garniert vorgestellt werden.

9. Die geologische Geschichte der Schweiz

Hier soll die lange und wechselvolle Entwicklung, welche schlussendlich zum heutigen geologischen Zustand der Schweiz geführt hat, in knapper Form zusammengefasst werden. Neben einer Übersicht über den chronologischen Ablauf der Ereignisse soll dem Leser vor Augen geführt werden, wie sehr die Entstehungsgeschichte eines Stücks Erdkruste – hier die Schweiz – geprägt ist von einer vielfachen Wiederholung gleicher oder ähnlicher Vorgänge – Magmatismus, Gebirgsbildung, Metamorphose, Abtragung und Sedimentation – allerdings immer in neuen Kombinationen. Dies hat aber auch zur Folge, dass gleichartige Gesteine und Erscheinungen ganz unterschiedliches Alter haben können.
Als Übersicht über die verwendeten Altersbezeichnungen und als knappe Zusammenfassung dient Tabelle 8 auf den Seiten 200 / 201.

Von den Anfängen bis ins Karbon: Die Entwicklung des kristallinen Grundgebirges

Die ältesten Gesteine der Schweiz sind die sehr vielfältigen, durchwegs metamorphen Gesteine des sogenannten *Altkristallins.* Ihre Entstehungsgeschichte wird sich wohl niemals vollständig aufklären lassen. Immerhin hat man bis heute eine ganze Reihe von Metamorphosezyklen nachweisen können, welche praktisch allen bekannten Gebirgsbildungen Europas entsprechen. Neben der variszischen scheint vor allem die kaledonische Gebirgsbildung sehr wichtig gewesen zu sein. Hinweise gibt es ferner auf metamorphe Ereignisse vor 600 Millionen Jahren (cadomische Gebirgsbildung) und vor 1000 Millionen Jahren. Höchste Alterswerte ergeben Einzelmineralien, Zirkone in Gneisen, mit 1,2 bis 2 Milliarden Jahren, wohl Gemengteile von Graniten der ältesten Kruste Europas. Jedenfalls haben wir Krustengesteine vor uns, die immer wieder in Gebirgsbildungen einbezogen worden sind, dabei aber die «Erinnerung» das radiometrische Alter (S. 61), die Struktur, den Mineralbestand – an die vorangehenden nicht ganz verloren haben.
Alle auftretenden Gesteine sind metamorph. Aus Sedimenten sind Quarzite, Marmore, Kalksilikatfelse, Tonschiefer und Paragneise geworden *(Abb. 50,* S. 90); Versteinerungen, welche Auskunft

Abb. 86
Schweizer Fossilien I:
1 (ol): Farnartige Pflanze/Karbon.
2 (or): Muschel (Gryphaea)/Lias.
3 (ml): Brachiopoden (Rhynchonellen und rechts eine Terebratel)/Dogger.
4 (mr): Ammonit (Cardioceras)/Malm.
5 (unten): Saurier (Pachypleurosaurus)/Trias des Monte San Giorgio TI.

über das Alter geben könnten, haben die Umwandlungen nicht überlebt. Ehemalige magmatische Gesteine liegen jetzt als Orthogneis, Amphibolit, Grünschiefer oder Serpentinit vor (vgl. *Abb. 51).* Aufschmelzungsvorgänge führten zu Migmatiten (z.B. Innertkirchner-Kristallin, S. 70).
In dieses Altkristallin sind während der variszischen Gebirgsbildung in der Karbonzeit zahlreiche Granite und weitere Tiefengesteine wie Diorit, Syenit und Granodiorit eingedrungen. Viele von ihnen sind heute in den Zentralmassiven freigelegt, etwa der Zentrale Aaregranit im Aarmassiv oder der Mont Blanc-Granit im gleichnamigen Massiv.
Damit ist die Entstehung des Grundgebirges abgeschlossen. Je nach seiner späteren Geschichte finden wir es heute in ganz verschiedenen Positionen: Als *eigentliches Grundgebirge* unter jüngeren Sedimenten im Jura und im Mittelland, *emporgehoben und schwach alpin überprägt* in den Zentralmassiven und im Seengebirge, als *überschobene Massivblöcke* im Oberostalpin (Silvrettadecke) und schliesslich *alpin verfaltet und metamorph* in den penninischen Decken.

Karbon und Perm: Abtragung unter tropischem Klima und Magmatismus

Im Karbon und Perm (zusammen eine Epoche von über 100 Millionen Jahren Dauer) ist unser Gebiet ein winziger Teil einer riesigen Landmasse, in der alle Kontinente der Erde zusammengeschlossen sind, dem Superkontinent Pangäa. Unter tropischem Klima werden die kristallinen Bergzüge abgetragen, der Schutt sammelt sich in Becken und Wannen.
Die vulkanische Aktivität an der Erdoberfläche ist wie die Granitbildung in der Tiefe verknüpft mit der variszischen Gebirgsbildung. Im Karbon ist das Klima heiss und feucht und die Vegetation überaus üppig. Der Abtragungsschutt wird als Kies, Sand und Ton in See- und Moorbecken abgelagert. Abgestorbene Pflanzenteile bilden dicke Zwischenschichten von Torf; währenddem die Lockergesteine zu dunklem Konglomerat (S. 103, *Abb. 58/1),* Sandstein und Tonschiefer verfestigen, wird daraus Steinkohle, welche der Formation den Namen gegeben hat. In diesen Gesteinen finden sich Pflanzenabdrücke, die ältesten Fossilien der Schweiz *(Abb. 86/1).* Im Verlaufe der Permzeit wird das Klima zusehends trockener. Rotgefärbte Sandsteine und Konglomerate werden in Becken abgelagert. Rotviolette Verwitterungskrusten und Fanglomerate (Wüstenfluss- oder Wadiablagerungen) weisen auf tropisch-arides Wüstenklima hin. Vulkanische Gesteine sind verbreitet; der grösste erhaltene Komplex findet sich im Südtessin (S. 106).
Neben der magmatischen Aktivität manifestiert sich die variszische

Gebirgsbildung in unserem Gebiet in der Entstehung von Bruchsystemen und Grabenbrüchen, an denen karbonische und permische Sedimente ins Grundgebirge eingesenkt oder eingefaltet werden. Erhalten ist beispielsweise die Mulde von Salvan-Dorénaz im Unterwallis. Eine kleine Sensation war die Entdeckung des mächtigen Nordschweizer Permokarbon-Troges durch Bohrungen unter dem Jura (S. 52). Andere Sedimente aus dieser Zeit sind später in das alpine Faltengebäude integriert worden. Der grösste dieser Komplexe ist der *Glarner-Verrucano*, eine rund 1600 m mächtige Schichtfolge permischer Sedimente und Vulkanite von über 200 km^2 Oberfläche, die in den helvetischen Deckenstapel einbezogen worden ist (S. 85).

Trias bis mittlere Kreide: ein Kontinent zerbricht, ein Ozean entsteht

Zu Beginn des Mesozoikums, des Erdmittelalters, bahnt sich eine Umgestaltung der Erde an. Aus unbekannten Gründen zerfällt der Grosskontinent Pangäa in auseinanderdriftende Kontinentschollen, zwischen denen sich Ozeanbecken zu bilden beginnen. Besonders auffallend und spektakulär ist natürlich die Abspaltung eines amerikanischen von einem europäisch-afrikanischen Block mit der Öffnung des Atlantiks, dessen Entstehung gut rekonstruierbar ist (Abschnitt 8, S. 142). Für die Entstehungsgeschichte der Alpen bedeutsamer ist aber die Aufspaltung des westlichen Blocks an einer Riftzone in einen europäischen und einen afrikanischen Kontinent. Dazwischen entwickelt sich im Verlauf von fast hundert Millionen Jahren ein kompliziert gegliedertes Meeresbecken, das *Urmittelmeer* oder die *Tethys*. Daraus werden später durch Zusammenschub die Alpen entstehen. Das Aufreissen der Tethys ist ursächlich an die Öffnung des Atlantiks gebunden. Mit der Ausbildung einer Nord–Süd orientierten Plattengrenze im Atlantik entsteht auch eine generell West-Ost gerichtete zwischen Ureuropa und Urafrika. An ihr findet nicht nur eine Ausweitung, ein spreading statt, sondern auch eine seitliche Verschiebung entlang einer grossangelegten Transformstörung. Die Geometrie des Tethysbeckens, wie sie in der *Abb. 88* rekonstruiert ist, lässt sich nur durch die Kombination dieser zwei Bewegungskomponenten verstehen.

Der Zerfall des alten Kontinents beginnt sich in der Triaszeit abzuzeichnen. Es entstehen Bruchsysteme, und die Landmasse als Ganzes senkt sich etwas ab. Im Norden werden in Gräben und Lagunen rote Sandsteine und Tone, Kalksteine, Dolomite und Eindampfungssedimente (Evaporite) wie Gips und Steinsalz abgelagert. Dies ist der Bereich der sogenannten Germanischen Trias, deren Dreiteilung in Buntsandstein, Muschelkalk und Keuper der Epoche den Namen gegeben hat. Im Süden entsteht ein Flachmeer

Abb. 87
Schweizer Fossilien II:
1 (ol): Seeigel/Malm.
2 (or): Sandstein mit Nummuliten/Eozän.
3 (ml): Zimtbaumblätter/Oligozän.
4 (mr): Haifischzahn/Oligozän.
5 (unten): Barsch/Oligozän (Fischschiefer von Elm GL).

mit Kalkstein- und Dolomitablagerungen; die Saurier am Monte San Giorgio (S. 108) sind im Dolomit eines sauerstoffarmen Bekkens konserviert worden. Hier im Süden bildet sich nun ab der Liaszeit ein passiver Kontinentalrand aus. Scharen von tiefgreifenden Brüchen durchsetzen den kontinentalen Sockel; als Folge dieser Bruchtreppenschar entstehen im Meer nebeneinander Schwellenzonen und tiefe Becken. Ein eindrückliches Beispiel ist im Südtessin mit dem Generosobecken erhalten geblieben (S. 108). Bis zur mittleren Kreidezeit, also im Verlauf der nächsten hundert Millionen Jahre, öffnet sich zwischen den beiden neuen Kontinenten die Tethys, ein Meeresbecken, dessen Grösse etwa derjenigen des heutigen westlichen Mittelmeeres entspricht.
Eine Rekonstruktion dieses Ozeans für den Zeitpunkt der grössten Ausdehnung, selbstverständlich schematisiert und hypothetisch, zeigt folgende Gliederung *(Abb. 88):*

- Im Norden hat sich über dem sich absenkenden europäischen Kontinent ein flaches Schelfmeer ausgebildet. Dies ist der *helvetische Bereich*, das Ablagerungsgebiet der helvetischen Sedimente. Die Überlagerung des Grundgebirges durch das Mesozoikum ist im Jura, im Mittelland und über den Zentralmassiven bis heute erhalten geblieben.
- Der *ultrahelvetische Bereich* umfasst die Ablagerungen des europäischen Kontinentalabhangs.
- Der südlich anschliessende *penninische* Ablagerungsraum ist recht kompliziert gebaut:
  Der sogenannte *Wallisertrog* ist ein Meeresbecken mittlerer Tiefe. Es ist umstritten, ob sich darin bereits ozeanische Kruste gebildet hat. Unter der *Briançonnais-Schwelle* befindet sich ein Stück kontinentaler Kruste, ein Mikrokontinent sozusagen, der meist Europa zugeschlagen wird. Darüber werden in untiefem Meer Flachwassersedimente abgelagert; wie Kohlevorkommen beweisen, existierten zur Zeit des Doggers sogar einzelne Inseln; S. 173.
  Angelehnt an die Schwellenzone ist die Beckenzone des *Subbriançonnais*.
  Der nun südöstlich und östlich anschliessende *Piemonttrog* ist die Nahtstelle der beiden Kontinente. Er ist ein breites, tiefes ozeanisches Becken mit Tiefseesedimenten, einem mittelozeanischen Rücken und neugebildeter ozeanischer Kruste aus Basalten mit Pillowstruktur und Gabbros (S. 141). Beobachtungen aus neuerer Zeit weisen mehr und mehr darauf hin, dass die Spreizungsachse (die Richtung der mittelozeanischen Rükken) fast Nord–Süd, das heisst schief zu den nördlicheren penninischen und helvetischen Elementen verläuft. Der Trog und die beidseits angrenzenden Bereiche sind durch zahlreiche Transformbrüche in einzelne Becken bzw. Blöcke zerlegt; der gebräuchliche Ausdruck dafür ist *pull-apart basins*, wörtlich übersetzt etwa «beiseitegeschobene Becken». Da die Blöcke nicht

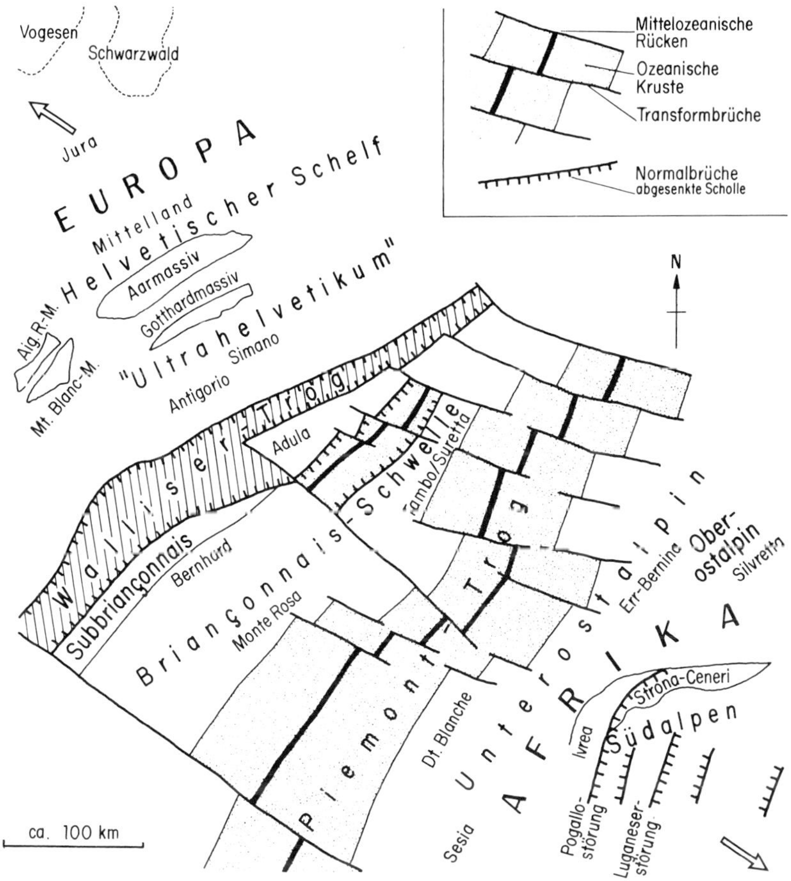

Abb. 88
Rekonstruktion der Tethys am Ende der Jurazeit. Vereinfacht nach Pfiffner 1992.

nur seitlich, sondern auch in der Höhe gegeneinander verstellt werden, beeinflussen sie das Meeresrelief und damit die Art der Sedimentation sehr stark. Besonders charakteristisch ist das Auftreten von eckigem Abtragungsschutt (später zu Breccien verfestigt) am Fuss steiler, durch Bruchflächen bedingter Meeresböschungen. Mit dieser Zerhackung von Kruste und Sedimenten ist bereits das Grundmuster der späteren Aufteilung in Decken vorgegeben.

Zum afrikanischen Kontinent schliesslich gehoren die Bereiche des *Ostalpins* und des *Südalpins*, welche im Südosten an den Piemonttrog anschliessen. Kristallin der kontinentalen Kruste bildet hier den Untergrund flacher und tieferer Meeresteile.

Dies ist wie gesagt der Zustand der grössten Meeresausdehnung in der mittleren Kreidezeit. Es ist ausgeschlossen, hier näher auf die zeitliche und räumliche Entstehungsgeschichte dieses Meeresbeckens einzugehen. Sie kann aber aufgrund detaillierter Untersuchungen vor allem der Sedimente erstaunlich gut rekonstruiert werden. Zur Malmzeit ist die Sedimentation nur im Norden bedeutend (mächtige Malmkalke im Jura und im Helvetikum, vgl. z.B. S. 70). Im Piemonttrog werden gleichzeitig Tiefseesedimente – Radiolarite – abgelagert. Im Gegensatz dazu ist die Unterkreide eine Periode verstärkter Sedimentation: im südlichen Helvetikum werden gegen 1500 m Mergelkalk abgelagert, im Wallisertrog bis zu 4000 m tonig-kalkig-sandige Bündnerschiefer mit einzelnen marinen Basaltergüssen. Im Piemonttrog ist die Förderung von Basalt (und Gabbro) und damit die Produktion ozeanischer Kruste in vollem Gang, gleichzeitig werden im Beckeninnern Bündnerschiefer abgelagert. Teile des helvetischen Bereichs liegen zu dieser Zeit über Wasser (Ostjura, östliches Mittelland, s. S. 44 und *Abb. 3,* S. 17).

Kreide bis Tertiär: Vom Ozean zum Hochgebirge

Um die Mitte der Kreidezeit tritt eine von den Konsequenzen her gesehen dramatische Wende ein. Die Öffnung der Tethys kommt zum Stillstand, und in fast diametraler Umkehr des Bewegungssinnes beginnen sich Afrika und Europa einander wieder zu nähern. Die ausweitende Tendenz macht einer einengenden, kompressiven Platz, aus divergierenden Plattengrenzen werden konvergierende. Wie war so etwas möglich? Wieder ist die Ursache bei den Vorgängen im Atlantik zu suchen. Dort beginnt die Öffnung des Beckens aus dem mittleren Teil auf den Südatlantik überzugreifen. Dies hat eine Drehung der afrikanischen Platte im Gegenuhrzeigersinn zur Folge, und damit eine Verengung des Tethysbeckens in südöstlich-nordwestlicher Richtung. Es kommt ein Mechanismus der Plattenkollision in Gang, der im Verlaufe von knapp hundert Millionen Jahren zur Entstehung des Alpengebirges führen wird.

Die alpine Gebirgsbildung war ein überaus komplizierter Vorgang. Trotz allen beeindruckenden Fortschritten sind sich die Forscher auch heute noch über viele Fragen – und zwar nicht nur über nebensächliche – uneinig. Selbstverständlich können wir in diesem Rahmen nur einen knappen, groben Überblick über die zurzeit allgemein anerkannten Fakten vermitteln. Die Hauptursache für den komplexen Ablauf der Ereignisse bei der Alpenfaltung liegt darin, dass dabei nicht zwei glatte Plattengrenzen senkrecht aufeinander gestossen sind. Die Ränder der Platten waren kompliziert gezackt, die Platten selber ein Mosaik von Schollen *(Abb. 88).* Die Richtung des Zusammenschubs – Südost–Nordwest – stand schief zu den Plattengrenzen und zu Strukturen innerhalb der Platten, mit Ausnahme des helvetischen Bereichs. Dies musste dazu führen, dass sich viele Vorgänge zeitlich und räumlich überlagerten. Dazu kommt, dass die enorme Einengung, von 600–700, vielleicht auch mehr Kilometern auf die wenig über 100 km des heutigen Alpenquerschnitts, eine unglaubliche Verkeilung und Stapelung von ursprünglich nebeneinanderliegenden Gesteinspaketen zur Folge hatte. Die Aufgabe der Forscher ist fast unlösbar: Aus dem komplizierten heutigen Zustand des Gebirges sollen die einzelnen Teilschritte seiner Entstehung rekonstruiert werden; die Gebirgsbildung soll sozusagen rückgängig gemacht werden bis hin zum ursprünglichen Zustand. Eine solche «Abwicklung» des Gebirges wird allen Fortschritten zum Trotz immer mehr oder weniger hypothetisch bleiben, um so mehr, als ja auch der Ausgangszustand, das Tethysbecken, nicht einfach «bekannt», sondern ebenfalls Ergebnis einer mühsamen, teilweise spekulativen Rekonstruktion ist!

Frühalpine Subduktion. Wie aufgrund von Beobachtungen an heutigen Plattenrändern zu erwarten (S. 143), wirkt sich der Zusammenschub zuerst in einer Subduktion ozeanischer Kruste aus. Ophiolithe und ozeanische Sedimente des Piemonttroges und Späne des darunterliegenden Erdmantels (Serpentinite) werden südwärts einfallend unter die afrikanische Kontinentalkruste des Ostalpins/Südalpins versenkt *(Abb. S. 94)*. Die Gesteine erleiden dabei die für derartige Vorgänge charakteristische Metamorphose in der Blauschiefer- und Eklogitfazies (s. S. 110 und 144). Vulkanische oder plutonische, mit dem Subduktionsvorgang verknüpfte Gesteine hat man bis heute nicht gefunden. Der Grossteil der Gesteine bleibt für immer versenkt. Ein kleiner Anteil wird später wieder emporgepresst; als Eklogit oder Blauschiefer im heutigen Gebirge freigelegt, zeugt er von dieser frühen Phase der Gebirgsbildung. Es ist eine offene Frage, wie eine solche Heraushebung («Exhumierung») aus Tiefen von 40–60 oder mehr Kilometern erfolgen konnte. Gewisse Partien der ozeanischen Kruste, z.B. die spätere Plattadecke, scheinen der Versenkung entgangen zu sein. Man stellt sich vor, dass sie nach oben weggepresst worden sind, und nennt diesen Vorgang «Obduktion».
Noch andere Ophiolithspäne sind über der abtauchenden Platte mit Sedimenten und kristallinen Sockelspänen der überlagernden afrikanischen Platte zu einem Akkretionskeil (S. 144) zusammengestaucht worden. Ein Beispiel dafür ist die Zone von Arosa (S. 92), ein anderes die südlichste penninische Decke, die Simmendecke, wo Ophiolithe mit ersten Flyschsedimenten verknetet sind, deren Alter man mit beginnender Oberkreide festlegen kann.

Kontinentalkollision und Deckenbildung. Mit zunehmender Einengung und dem Verschwinden des Piemonttroges wird es

unausweichlich, dass kontinentale Krustenstücke Afrikas und Europas kollidieren. Die Geometrie des Ozeanbeckens macht deutlich, dass dieser Zusammenprall nicht überall gleichzeitig erfolgen konnte. In gewissen Bereichen kann also die Subduktion noch weiterlaufen, währenddem mit der Kontinent-Kontinent-Kollision andernorts bereits die wichtige Hauptphase der Deckenbildung eingesetzt hat.
Vereinfacht kann man sich die Vorgänge bei der Kollision folgendermassen vorstellen: Im Untergrund prallt afrikanische Kruste (und zwar ihr nordwestlichster Teil, der sogenannte «adriatische Sporn») auf europäische Kruste. Unter dem gewaltigen Druck zersplittert die europäische Oberkruste des penninischen Raumes in Späne, die nach Norden geschoben und dachziegelartig als Decken übereinandergestapelt werden. Gleichzeitig wird aber der nördlichste Teil der afrikanischen Kruste, das Ostalpin, über den ganzen penninischen Deckenstapel hinweggeschoben; von diesem Zeitpunkt an bis zum heutigen Tag bildet das Ostalpin die höchsten Bauelemente der Schweizer Alpen. Die Auftrennung der Kruste in einzelne Späne («Decken») erfolgt entlang von Schwächezonen; in den meisten Fällen sind dies wohl die Bruchflächen im ehemaligen Ablagerungsraum. Vor allem im Penninikum ist gut erkennbar, dass die Meeressedimente entweder zwischen die Kristallinspäne eingeklemmt werden («Deckenscheider»), oder aber vom Untergang abgeschert und als selbständige Sedimentdecken nach Norden verfrachtet werden, teilweise auf die noch ungefalteten helvetischen Sedimente. Später werden auch diese von ihrem kristallinen Untergrund – den heutigen Zentralmassiven – abgeschürft und zum helvetischen Deckenstapel verfaltet.
Die gebirgsbildenden Bewegungen griffen sukzessive von südlicheren auf nördlichere Teile des Meeresbeckens über. Zeuge dafür ist die Flyschsedimentation. Früh schon ganz im Süden beobachtet – siehe oben – verlagert sie sich im Zeitraum zwischen der obersten Kreide und dem frühen Oligozän immer weiter nach Norden. Sie markiert einen Gürtel von Inseln und tiefen, sich relativ rasch verengenden Meeresbecken; das sind die Vorbedingungen für diese Art Sediment (S. 64). *Erstmals sind hier Teile des werdenden Gebirges über den Meeresspiegel herausgehoben worden!* Im Gegensatz zu den heutigen Tiefseegräben verdanken die Flyschtröge ihre Entstehung nicht eigentlichen Subduktionszonen, sondern (im Bewegungsmechanismus nicht unähnlichen) Überschiebungszonen an Deckengrenzen *(Abb. 33)*. Aus diesem Grunde ist es hier auch nie zu einem bedeutenden Inselbogen-Vulkanismus gekommen. Nur vereinzelt finden sich Hinweise auf vulkanische Aktivität; bekannt sind die Trümmer andesitischer Gesteine im eozänen Taveyannaz-Sandstein der helvetischen Decken.
Durch die Auftürmung des Deckenstapels ist die Erdkruste ganz wesentlich verdickt worden. Unter der Überlast und der erhöhten

Temperatur werden die Gesteine der tieferen Decken metamorphosiert. Es ist diese («mesoalpin» oder «lepontinisch» genannte) Phase alpiner Metamorphose, welche im heutigen Gebirge durch ihre Regelmässigkeit auffällt *(Abb. 63,* S. 113).

Späte Einengung. Im weiteren Verlauf des Tertiärs führt ein verstärkter Zusammenschub zu Verformungen des Deckenstapels, welche das heutige geologische Bild der Schweiz entscheidend prägen. Verantwortlich dafür ist der adriatische Sporn, der weiter nach Norden vorgepresst wird und sich dabei zwischen die europäische Unter- und Oberkruste hineinbohrt. Dieses Überfahren der europäischen Platte durch die afrikanische wurde in jüngster Zeit durch seismische Untersuchung des Untergrundes nachgewiesen. Als Folge davon werden rückwärtige Teile der Decken steilgestellt; dies sind die sogenannten Wurzelzonen (S. 56). Besonders augenfällig sind die Verhältnisse im Süden, wo die Steilstellung der südlichsten Enden der penninischen und ostalpinen Decken mit sehr beträchtlichen Verstellungen entlang der insubrischen Linie zusammenfallen (S. 158). Dabei kommt es an der Linie selbst und in den angrenzenden Südalpen zu südwärts gerichteten Überschiebungen. Die enorme Hebung des Blocks nördlich der insubrischen Linie ist auch verantwortlich dafür, dass der im mittleren Oligozän eingedrungene Bergeller-Granit sehr rasch freigelegt wird (S.104).
Die Heraushebung des Gebirgskörpers greift jetzt auch auf seine nördlichen Teile über. An der Stelle der letzten und jüngsten Flysch-Meeresbecken entsteht jetzt ein über den Meeresspiegel aufragender, gebirgiger Alpennordrand. Sofort setzt auch hier die Abtragung ein. Flüsse verfrachten den Erosionsschutt ins nördliche Vorland, welches von diesem Zeitpunkt an für rund 30 Millionen Jahre zum Molassebecken wird. Der zweimalige Wechsel von marinen zu festländischen Bedingungen, von Meeres- zu Süsswassermolasse, zeigt, dass Hebungen und Senkungen auch das Vorland nicht verschonen.
An den Gesteinsarten der Nagelfluh-Gerölle lässt sich ablesen, welche alpinen Einheiten in einem bestimmten Zeitraum abgetragen worden sind. Gemäss der Zusammenstellung in der Tabelle 1 (S. 29) waren es nacheinander ostalpine Decken – afrikanische Plattenteile – dann penninische und schliesslich helvetische Decken. Bei einem letzten grossen Vorschub dieser helvetischen Decken werden die Molasseablagerungen am heutigen Alpenrand um 15 bis 25 km überfahren. An der Front dieser überschobenen Masse (S. 24) wird die subalpine Molasse aufgefaltet bzw. aufgeschuppt. Gleichzeitig wird der ganze Sedimentstapel des westlichen Mittellandes, Molasse und Mesozoikum, auf den Anhydritschichten der Trias nach Nordwesten verschoben. Wo die armierenden Molasseschichten ausdünnen, wird das Mesozoikum zum Juragebirge aufgewellt.

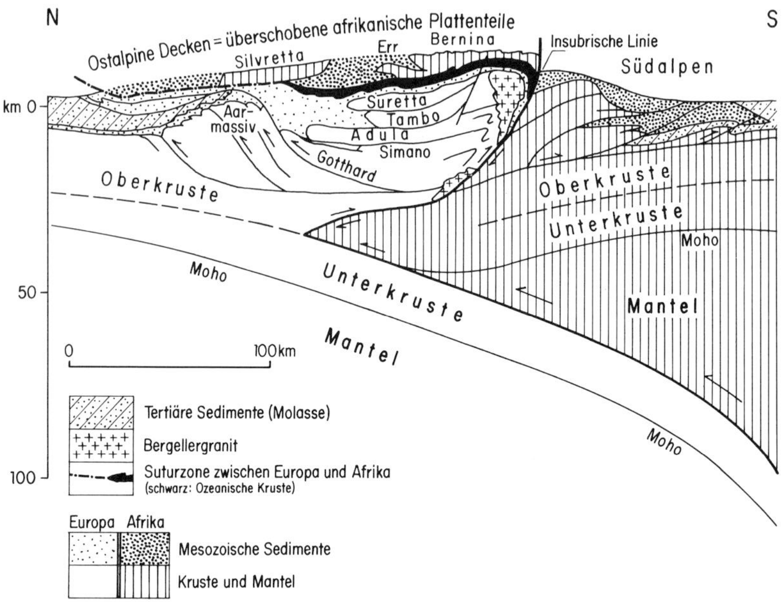

Abb. 89
Querprofil durch den östlichen Teil der Schweizer Alpen aufgrund neuester seismischer Untersuchungen. Gut sichtbar ist die Verzahnung der beiden Platten, welche als Kombination des Eindringens des adriatischen Sporns in der Tiefe und der Überschiebung der ostalpinen Decken zur «Krokodilstruktur» führt. Splitter der zersprungenen europäischen Oberkruste bilden den zentralalpinen Deckenstapel (mit Gotthard- und Aarmassiv). Im Südteil der Alpen liegen zwei Mohos übereinander. Südwärts gerichtete Überschiebungen finden sich an der insubrischen Linie und in den Südalpen. Vereinfacht nach Pfiffner 1992.
In dieser Abbildung sind einige wichtige Ergebnisse des ***Nationalen Forschungsprogramms NFP 20*** *verarbeitet worden. Dieses Projekt hat zum Ziel, zwischen 1985 und 1993 die Tiefenstruktur der Schweiz zu erforschen. Kernstück sind drei seismische Profile durch die Alpen, «West», «Süd» und «Ost»; das Ganze ist in ein europäisches Projekt eingebunden.*
Die angewandte ***Seismik*** *arbeitet mit künstlich durch Sprengungen oder mächtigen Vibratoren erzeugten Erdbebenwellen, welche an Grenzzonen im Erdinnern – Schichtgrenzen, Deckengrenzen, Krusten-Mantel-Grenze etc. – reflektiert und anschliessend an der Erdoberfläche registriert werden. Die Methode, welche vor allem bei der Suche nach Erdöl mit grossem Erfolg eingesetzt wird, arbeitet also grundsätzlich nach dem Prinzip des Echolots.*

Quartär: Von den Eiszeiten zur Gegenwart

Wie in diesem jüngsten, ein bis zwei Millionen Jahre dauernden Zeitabschnitt der Erdgeschichte die Oberflächenformen unserer heutigen Landschaft entstanden sind, darüber haben wir in verschiedenen Abschnitten berichtet. Vom Zusammenspiel von Hebung und Abtragung, von der Arbeit des Wassers und des Gletschereises und von der Bedeutung und der Abfolge der Eiszeiten ist da die Rede gewesen. Erst im Verlaufe der Eiszeiten tritt der Mensch in unserem Lande in Erscheinung. Wie die Tier- und Pflanzenwelt muss auch er sich in dieser Periode, um überleben zu können, dem rauhen Klima durch Mobilität anpassen; es ist die Zeit des Jägers und Sammlers. Erst das wärmere Klima der Nacheiszeit erlaubt seit etwa 6000 Jahren den Bau fester Siedlungen, die Voraussetzung für Ackerbau und Viehzucht. Diese enge Verflechtung von Gletscher (Klima)-,Vegetations- und Menschheitsgeschichte ist in der Tabelle 5 dargestellt. Die Entdeckung der Methoden zur Gewinnung und Verarbeitung von Metallen wie Kupfer, Bronze und Eisen waren der erste Schritt in Richtung moderne Technik. Sie eröffnet später dem modernen Menschen praktisch unbeschränkte Möglichkeiten zur Nutzung, Beherrschung, Umgestaltung und leider auch Zerstörung der Natur.
Dies bleibt dem naturverbundenen Beobachter auch in unserem Lande nicht verborgen. Neben massiver Beeinflussung der Vege-

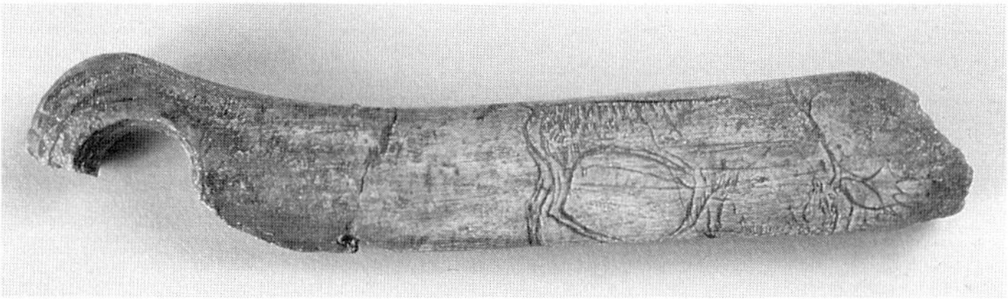

Abb. 90
Weidendes Rentier, von einem Künstler der Steinzeit auf ein Stück Rentiergeweih geritzt. Fundort: Kesslerloch bei Thayngen SH. Aus «Die Schweiz und ihre Gletscher». Schweiz. Verkehrszentrale, 1979.

tation und der Fauna, leider fast immer im Sinne einer Verarmung, fallen vor allem die enormen Eingriffe ins Gewässernetz und den Gewässerhaushalt auf. Die jeweils mit dem Wohl der Allgemein heit mehr oder weniger gut begründeten Einzelmassnahmen – Kanalisierung, Verbauung, Korrektion, Umleitung, Aufstau, Trokkenlegung, Drainage, Entsumpfung – haben dazu geführt, dass frei fliessende und erodierende Gewässer zur Seltenheit geworden sind. Das dabei oft verwendete Vokabular aus der Dompteurspra-

Zeit-Skala (Alter in tausend Jahren vor der Gegenwart)	Erdgeschichtliche Gliederung		Gletschergeschichte	Vegetationsentwicklung	Entwicklung des Menschen		Zeit-Skala (Alter in tausend Jahren vor der Gegenwart)
0 1 2	**Holozän (Nacheiszeit)**	Subatlantikum	verschiedene kleinere Gletscherschwankungen	Vegetation stark vom Menschen beeinflusst: Wiesen, Äcker, Fichtenforste, Laubmischwald.	Neuzeit Mittelalter Römerzeit	Auto. Flugzeug. Computer. Industrialisierung. Buchdruck. Schwarzpulver Chr. Geburt	0 1 2
3 4 5		Subboreal		Buchen-Tannen-Laubmischwald. Eichenmischwald mit Tanne und Buche.	Eisenzeit Broncezeit Jungsteinzeit (Pfahlbauer)	Metallverarbeitung Ackerbau und Viehzucht Geschliffene Steinbeile, Keramik	3 4 5
6 7 8		Atlantikum		Eichenmischwald mit Tanne.	Mittlere Steinzeit	Mensch als Jäger und Sammler – Homo sapiens sapiens: feinstes Steingerät (Mikrolithen)	6 7 8
9 10		Boreal Präboreal	Eisrückzug auf heutige Grössenordnung	Eichenmischwald. Föhrenwald mit Hasel.			9 10
11 12 13	**Pleistozän («Eiszeit»)** – **Würmeiszeit**	Spätglazial: Jüngere Dryas Alleröd — Ältere Dryas Bölling Älteste Dryas	Niederterrassen-Schotter	Föhren-Birkenwald. Birkenwald. Zwergbirkengebüsch.	**Altsteinzeit**: Obere Altsteinzeit	Höhlenmalerei Gravierungen Klingentechnik (Höhlen Kesslerloch und Schweizersbild SH)	11 12 13
16		Hochwürm	Letzter grosser Eisvorstoss	Pioniervegetation.			16
25 75		Mittelwürm (mehrere Stadiale und Interstadiale)	Eisvorstösse bis weit ins Mittelland	Eisfreies Gebiet: Pionierveg./ Sträucher/Kältesteppen.		Neandertaler: Jägerlager in Alpen (Wildkirchli) und Jura (St. Brais NE) Freilandlager von Cotencher (NE) und Löwenburg (JU)	25 75
115		Frühwürm (mehrere Stadiale und Interstadiale)	Schieferkohlen	z. T. borealer Nadelwald.	Mittlere Altsteinzeit		115
130		Riss/Würm-Zwischeneiszeit	Kalktuffe	Laubmischwald.		Faustkeil von Zeinigen (AG)	130
		Risseiszeit	Ausgedehnteste Vereisung. Hoch- und Mittelterrasse	Vor der Eisfront Pionierveg./ Kältesteppe/Nadelwald.	Untere Altsteinzeit	Homo sapiens	
250		Mindel/Riss-Zwischeneiszeit	Wichtige Phase der Talbildung	Laubmischwald.		?Faustkeil von Pratteln (BL)	250
bis		Mindeleiszeit	Deckenschotter				bis
ca. 1500		Ältere Eis- und Zwischeneiszeiten				Homo erectus	ca. 1500

Tabelle 5: Eiszeiten und Nacheiszeiten – die jüngste Erdgeschichte der Schweiz.

Beratung: Meinrad Küttel, Bern/Hannover

che («zähmen», «bändigen») macht deutlich, dass wir uns weit mehr als Beherrscher denn als Teil der Natur fühlen.

Gegenwart und Zukunft

Vielen Menschen ist es klar, dass es eine geologische Vergangenheit gibt, in der unsere Berge und unsere Landschaft entstanden sind. Aber den meisten von uns kommt nicht zum Bewusstsein, dass es eine geologische Gegenwart oder gar Zukunft gibt. Wir haben den Eindruck, die Geologie sei abgeschlossen, die Alpen aufgetürmt, die Eiszeit vorbei, und etwas Neues sei nicht in Sicht. Zwar rütteln uns hin und wieder rasch und katastrophal verlaufende Vorgänge auf, und sorgen auch für Schlagzeilen: Felsstürze, Rutschungen und Hochwässer in den Alpen, Erdbeben und Vulkanausbrüche irgendwo im Ausland. Aber in der Regel bringt man solche Signale kaum in Zusammenhang mit langsamen, stetig und unaufhaltsam weiterlaufenden geologischen Prozessen wie Plattenverschiebungen, Gebirgsbildung, Hebung und Senkung. Auch die Fachleute haben ihre Mühe damit: So ist es beispielsweise unklar, ob die Alpenfaltung, insbesondere die seitliche Einengung von Alpen, Mittelland und Jura, abgeschlossen ist oder nicht. Direkte Distanzmessungen ergeben keine schlüssigen Werte, sind sie doch viel weniger genau als die Messung von Höhendifferenzen. Hingegen haben neuere Untersuchungen ergeben, dass in der Schweiz noch immer dasselbe Spannungsfeld herrscht wie vor 5–10 Millionen Jahren, einer Zeit, in der die Gebirgsbildung mit Sicherheit noch voll im Gange war. So haben Forscher, die sich mit der Zukunft befassen müssen (die Geologen der NAGRA), für die Zeit in 10 Millionen Jahren neben einem «status quo-Szenarium» auch eines entworfen, in dem die Schweiz infolge fortgesetzten Zusammenschubs 30 km schmaler ist... Da ist es nur noch ein kleiner Nebeneffekt, wenn die Aare wegen der andauernden Absenkung der Westschweiz in den Genfersee fliesst. Aber das soll uns keine Sorgen bereiten; mit grösster Wahrscheinlichkeit wird der Homo sapiens diesen Zeitpunkt nicht mehr oder nicht in seiner heutigen Form erleben. So kümmert es den Kurdirektor von Interlaken heute wenig, dass Thuner- und Brienzersee in einigen zehntausend Jahren vom Schutt der Flüsse aufgefüllt sein werden. Und weil das Matterhorn in wenigen Millionen Jahren abgetragen ist, wird sein Kollege in Zermatt kaum heute schon ein neues Signet für das Gletscherdorf entwerfen lassen. Ebenso verfrüht wäre die Freude des Gemeindepräsidenten von Saas Grund, dass das Fletschhorn infolge verstärkter Hebung von selbst auch ohne Kunstbauten dereinst zum Viertausender wird.

Gedanken machen müssten wir uns dort, wo wir geologische Vorgänge direkt beeinflussen können. Da ist zweifellos das Klima ein Thema. Dass es Temperaturschwankungen und damit Klimaänderungen aus natürlichen Ursachen gibt, lehrt uns die geologische Vergangenheit der Schweiz: dieses Land hat Wüstenhitze, Mangrovensumpf, mildes Mittelmeerklima und arktische Kälte gesehen. Von den Auswirkungen her sind die kurzzeitigen Temperaturschwankungen des Quartärs besonders bemerkenswert; ihre Ursache kennen wir noch immer nicht mit Sicherheit. Auch nach dem Rückzug der eiszeitlichen Gletscher in die Alpen sind diese Schwankungen weitergegangen. Einer Kaltphase mit einem Hochstand der Gletscher um die Mitte des 19. Jahrhunderts (die sogenannte «Kleine Eiszeit») folgte eine Wärmephase, in der wir uns nach wie vor befinden. In diesen 140 Jahren sind die Gletscher flächenmässig um ein Drittel, volumenmässig gar um die Hälfte zurückgegangen. Wir wissen nicht, wie die natürliche Entwicklung verläuft, ob es noch wärmer wird, oder ob wir auf eine weitere Eiszeit zusteuern. Fest steht aber, dass wir mit unserer Tätigkeit seit über hundert Jahren das Klima mehr und mehr beeinflussen. Besonders der hohe Kohlendioxid-Ausstoss bei der Verbrennung von Erdöl, Erdgas und Kohle führt über den bekannten Treibhauseffekt zu einem Anstieg der mittleren Temperaturen. Im ungünstigen Falle einer Summierung natürlicher und menschlicher Ursachen kann es im Verlaufe des nächsten Jahrhunderts zu Erhöhungen von mehreren Grad kommen. Konsequenzen wären ein völliges Abschmelzen der Gletscher, eine totale Veränderung des Wasserhaushalts, Einflüsse auf Vegetation und Landwirtschaft und gravierende Auswirkungen auf den Tourismus, wo der fehlende Schnee bei den hohen Temperaturen auch nicht mehr künstlich mit Kanonen hergestellt werden kann. Optimisten werden zwar einwenden, die künstliche Erwärmung könnte auch eine natürliche Abkühlung kompensieren. Realistischer wäre es, die CO_2-Produktion zu drosseln. Damit könnte ein zweites, ebenfalls mit der Geologie zusammenhängendes Problem gemildert werden: dasjenige des Raubbaus an den mineralischen Rohstoffen. In etwas mehr als hundert Jahren industrieller Tätigkeit hat der Mensch einen wesentlichen Prozentsatz derjenigen Rohstoffe verbrannt oder sonstwie verbraucht, welche geologische Vorgänge in mehreren hundert Millionen Jahren geschaffen haben (und aus menschlicher Sicht daher als «nicht erneuerbar» gelten). Es fällt heute sehr schwer, sich vorzustellen, wie sich die Beschaffung von Rohstoffen in fünf oder gar zehn Generationen eigentlich gestalten soll. Auch hier wären heute viel energischere Massnahmen überfällig, etwa in Richtung Sparen, Substituieren und Recycling.

Abb. 91
Der Piz Bernina von Nordwesten (Fuorcla Surlej). Die ausgeprägten Wallmoränen markieren den Eisstand der «Kleinen Eiszeit» um 1850. Wird dieser Bündner Paradeberg im Jahr 2050 eisfrei sein?

10. Bodenschätze

In unseren Schulen wird es gelehrt und gelernt: Die Schweiz ist arm an Rohstoffen. Denkt man nur an die wirtschaftlich so bedeutsamen Vorkommen von Erzen, Erdöl und Kohle, so trifft dies zweifellos zu: Zur Zeit wird in der Schweiz kein Erz- oder Kohlebergbau betrieben, und nutzbare Ölvorkommen sind bis heute nicht gefunden worden. Dennoch müssen an diesem allzu schematischen Bild einige Retuschen angebracht werden.

La Suisse est riche en mines pauvres

Es gibt in der Schweiz zahlreiche Vorkommen der verschiedensten Rohstoffe. Die Angaben auf den nächsten Seiten sollen eine Vorstellung davon vermitteln. Viele Lagerstätten sind aber von geringer Ausdehnung. Vor allem die in den Alpen gelegenen sind bei der Gebirgsbildung verfaltet, zerrissen und zerquetscht worden, und ihr Abbau ist eine mühsame, unter den heutigen Verhältnissen unrentable Angelegenheit. Diesen Sachverhalt umschreiben die Welschschweizer treffend mit dem oben zitierten Ausspruch – die Schweiz ist reich an armen Minen.

Nutzung seit Jahrtausenden

Seit sehr langer Zeit haben unsere Vorfahren diese Fundorte aufgespürt und ausgebeutet, vielfach mehr mit Instinkt und gesundem Menschenverstand als mit Fachwissen: An der Löwenburg bei Pleigne (JU) haben Steinzeitmenschen Silexknollen im

Abb. 92 ▸
Verwendung mineralischer Rohstoffe durch den Menschen der Jungsteinzeit: Funde in der Ufersiedlung von Twann am Bielersee BE: Beilklinge aus Kieselschiefer, Rötel zum Färben, Messer aus gelbem, plattigem Feuerstein, Bergkristalle (Schmuck oder Talisman?), braunroter Pyrit zum Feuerschlagen, Klingen aus Feuerstein (Silex), Messer aus Kupfer (Länge 7 cm).
Aus «Vor 5000 Jahren» von A. R. Furger/F. Hartmann. Paul Haupt, 1983.

Jurakalk gewonnen, für die Herstellung der lebenswichtigen Pfeilspitzen und Schaber.
Mit sicherem Blick suchten sich die Pfahlbauer am Bielersee vor 5000 Jahren aus den Moränen des Rhonegletschers die für ihre Zwecke am besten geeigneten Blöcke aus: zähe Grüngesteine – Eklogite, Gabbros und Serpentinite – für Steinbeile, oder rauhen, körnigen Mont Blanc-Granit für eine Mehl-Reibschale.
Die Helvetier haben in unseren Flüssen Gold gewaschen. Die Entdeckung von Kupfererz-Verarbeitungsstellen mit Schlacken und der Fund einer Gussform für Gewandfibeln beweist, dass die kupfer- und bronzezeitlichen Siedler in Graubünden Gewinnung und Verarbeitung von Kupfer beherrschten.
Der Eisenerzabbau am Gonzen (SG) geht auf die Römer zurück. In Chur/Welschdörfli wurde eine römische Eisenschmelzanlage freigelegt. Die Römer haben bei Neuenburg Jurakalk für ihre Bauten in Aventicum/Avenches gebrochen; den Lavezstein für Töpfe, Statuen und Gedenksteine bauten sie im Bergell unweit der Schweizer Grenze bei Plurs/Chiavenna ab.
Vom 15. bis ins 20. Jahrhundert waren im Alpenraum unzählige kleine, oft nur kurzlebige Bergwerke in Betrieb. Gewonnen wurde vorwiegend Eisen, Blei, Silber, Kupfer und Kohle, räumliche Schwerpunkte bildeten Graubünden und Wallis, aber auch Uri und

Abb. 93
Hochofen aus dem 17. Jahrhundert zur Verhüttung des Eisenooliths von der Windgälle. Hinterbristen/Maderanertal UR.

Bern. Wenige arbeiteten mit Gewinn, sehr viele waren auf die Dauer unrentabel.

Seit 1976 untersucht der «Verein der Freunde des Bergbaus in Graubünden» die überaus vielfältigen Spuren des Bergbaus in seinem Kanton. Er unterstützt die Restauration alter Bergwerksanlagen, betreut das Bergbaumuseum von Davos-Monstein mit dem Schaubergwerk Silberberg und gibt die Zeitschrift «Bergknappe» heraus, die sich mit historischem Bergbau weit über die Kantonsgrenzen hinaus befasst (Kontaktadresse: Edelweissweg 2, 7250 Davos-Platz).
Eine zweite, dem historischen Bergbau in der Schweiz gewidmete Zeitschrift ist «Minaria», das Mitteilungsblatt der schweizerischen Gesellschaft für historische Bergbauforschung (seit 1981). Kontaktadresse: Prof. St. Graeser, Naturhistorisches Museum, Augustinergasse 2, 4001 Basel.

Bis zur Einführung des Zements ist jahrhundertelang im ganzen Land in kleinen Öfen Kalkstein zu Mörtel gebrannt worden. Zeugen dafür sind einzelne erhaltene Anlagen, aber auch die vielen entsprechenden Flurnamen («Chalchofen» o. ä.).
Die in den verschiedenen Regionen vorkommenden Gesteine sind seit jeher als Bausteine, aber auch für andere Zwecke (Pflästerung, Brunnen, Mühlesteine, Öfen etc.) genutzt worden: Molassesandstein im Mittelland, Kalkstein im Jura, roter Triassandstein im Raum Basel, Gneis im Nordtessin. In einigen Regionen konnte sich gar eine eigentliche Steinbruchindustrie entwickeln. Grosse Bedeutung hatten seit dem Mittelalter die Sandsteinbrüche im Mittelland:

- Im Raum Freiburg-Bern-Burgdorf wurden die weichen, graugrünen Sandsteine der flachen Oberen Meeresmolasse abgebaut («Bernersandstein»), welche insbesondere den Charakter der mittelalterlichen Stadtkerne von Bern und Freiburg bis heute prägen;
- Aus der alpennahen subalpinen Molassezone der Zentral- und Ostschweiz stammen stärker verfestigte Sandsteine der Oberen Meeresmolasse *(Plattensandsteine* von Luzern und Rorschach) und die sogenannten *«granitischen» Sandsteine* der Unteren Süsswassermolasse von Ägeri (ZG), Obersee (ZH), Bollingen (SG) und St. Margrethen (SG).

Zu überregionaler Bedeutung entwickelten sich nach dem 17. Jahrhundert die Steinbrüche in der Umgebung von Solothurn im Kalkstein des Kimmeridge *(Solothurnerstein,* «Solothurnermarmor»; *Abb. 21,* S. 41, *Abb. 24/4,* S. 46). Aus dem für die Stadt Solothurn so charakteristischen Gestein bestehen heute noch

unzählige Brunnenbecken in der ganzen Schweiz; viele von ihnen stammen aus der Periode des Klassizismus (etwa 1780–1850).
Die Gneis-Steinbruchindustrie des Nordtessins mit Schwerpunkt in der Leventina verdankt ihren Aufstieg zur wichtigsten des Landes ausschliesslich dem Bau der Gotthard-Bahnlinie (1872–82).
Kunsthandwerker wie Funk in Bern und die Dorets im Waadtland haben zur Barockzeit einheimische «Marmore» – überwiegend dekorative Kalksteine – beim Innenausbau von Kirchen und Patrizierhäusern und im Möbelbau verwendet. Beispiele sind der Grindelwaldner Marmor, dunkle, weiss geaderte Malmkalksteine aus dem Berner Oberland, der Kalkstein von St. Triphon (VD) und die farbigen Kalksteine von Roches und Arvel, beide aus dem unteren Rhonetal.

Reserven für Zeiten gestörter Versorgungslage

Im 20. Jahrhundert spielten die einheimischen Bodenschätze während der beiden Weltkriege eine grosse Rolle. Die Fördermengen für die Zeit des 2. Weltkriegs sind in der Tabelle 6 zusammengestellt.

Tabelle 6:
Produktionszahlen des schweizerischen Bergbaus im Zweiten Weltkrieg

Steinkohle	500 000 t	Kupfererz	800 t
Braunkohle	410 000 t	Molybdänerz	28 t
Schieferkohle	275 000 t	Asbest	82,5 t
Eisenerz	1,1 Mio. t	Flussspat	1700 t
Manganerz	24 000 t	Baryt	750 t
Blei-Zink-Erz	540 t	Asphalt	43 000 t

Die geförderte Kohle vermochte immerhin 28% des Inlandbedarfs zu decken, und der Wert der Eisen- und Kohleproduktion wird auf 290 Millionen Franken damaliger Kaufkraft geschätzt.
Es ist durchaus denkbar, dass der Abbau gewisser Vorkommen dereinst angesichts sich verknappender Ressourcen wieder interessant und sogar rentabel werden könnte. In diesem Zusammenhang ist zu erwähnen, dass die Schweiz nur auf einzelne Rohstoffe systematisch untersucht worden ist. So war es möglich, dass in jüngerer Zeit durch gezielte Prospektion neue, interessante Vorkommen von Fluorit und Uran entdeckt werden konnten.

Heute aktuell: nichtmetallische Rohstoffe

Gegenwärtig werden nichtmetallische Rohstoffe wie Ton, Mergel, Kalkstein, Sand, Kies, Gips, Salz und Bausteine abgebaut, und zwar, wie Tabelle 7 zeigt, in beträchtlichen Mengen. Mangels statistischer Unterlagen ist der Wert dieser Produktion nicht genau anzugeben, er dürfte aber mehrere Dutzend Milliarden Franken erreichen, und somit volkswirtschaftlich von Bedeutung sein.

Tabelle 7:
Die schweizerische Rohstoffproduktion heute

Kies und *Sand* Mittel der letzten Jahre	30 Millionen m^3 (entspricht 55 Mio Tonnen)
Zementrohstoff (Kalkstein, Mergel, Ton) Mittel 88–90	7,8 mio t (entspricht 5,2 Mio t Klinker)
Schotter Mittel letzte Jahre	1,5 mio t (davon Bahnschotter: 0,6 mio t)
Ziegeleiton Mittel 89–91	2 mio t (daraus Backstein 1,1 Mio t, Ziegel 0,225 Mio t)
Gips-Rohgestein Mittel 89–91	390'000 t
Salz Schätzung	200'000 t
Baustein	
– Bearbeitete Steine	ca. 150'000 t
– Grossformatige Bruchsteine	ca. 250'000 t

Im folgenden sollen einige Rohstoffe und ihre wichtigsten Vorkommen kurz vorgestellt werden.

Erdöl und Erdgas

Das schweizerische Mittelland erfüllt an sich alle Voraussetzungen für eine erdölhöffige Provinz:
- Es sind *ölhaltige Muttergesteine* vorhanden unter der für die Entstehung günstigen Überdeckung durch wenige tausend Meter Gestein.
- Es gibt *klüftige oder poröse Speichergesteine,* in denen sich das

wandernde Öl und Gas unter abdichtenden Tonschichten sammeln könnte.
- Man kennt viele Strukturen des Untergrundes, die als *Erdölfallen* dienen könnten (flache Faltenkuppen, Schuppen der subalpinen Molasse).

Tatsächlich hat man im deutschen und österreichischen Teil des Molassebeckens über 50 kleinere Öl- und Gasfelder erbohrt, allerdings mit gesamthaft geringen Reserven.

In der Schweiz ist, trotz eines Aufwandes von vielen hundert Millionen Franken und bald 30 Tiefbohrungen, kein abbauwürdiges Ölvorkommen gefunden worden. Der bisher einzige Erfolg stellte sich 1981 ein, als man mit der Bohrung Finsterwald im luzernischen Entlebuch auf ein ausbeutungswürdiges Erdgasvorkommen bescheidenen Ausmasses stiess. Von 1985 bis Ende 1990 sind daraus 65 Millionen Kubikmeter Gas entnommen worden. Die von Jahr zu Jahr sinkenden Fördermengen deuten auf eine baldige Erschöpfung der Lagerstätte.

Eine in ähnlicher geologischer Situation nahe am Alpenrand bei Thun 1989 abgeteufte Bohrung wurde nicht fündig.

Die Suche nach Erdöl und Gas wird in der Schweiz zwar fortgesetzt, aber mit spürbar sinkendem Optimismus. Getragen wird sie von kantonalen Erdöl-Forschungsgesellschaften, die in der nationalen Swisspetrol Holding SA zusammengeschlossen sind. Die Finanzierung erfolgt heute vorwiegend durch ausländische Erdölgesellschaften. Im Fall der Fündigkeit erhält die Swisspetrol die Mehrheitsbeteiligung (51%) am Abbau.

Eisen

Am Gonzen bei Sargans treten im verfalteten helvetischen Malmkalk schichtparallele Eisenerzlagen auf, deren bedeutendste bei rund 2 m Dicke eine Ausdehnung von 300 x 300 m hat. Aus dieser bereits in der Eisenzeit bekannten Lagerstätte wurden gesamthaft 2,7 Millionen Tonnen Erz gewonnen, überwiegend Roteisenerz mit einem Eisengehalt von 52 bis 54%, daneben etwas Manganerz. Zeitlich teilt sich diese Gesamtförderung wie folgt auf: Vor 1800 90 000 t, 19. Jahrhundert 140 000 t, 1921–1967 2,55 Mio. Tonnen.

Der Abbau wurde 1967 eingestellt, nicht wegen Erschöpfung des Vorkommens, sondern weil die Gestehungspreise der hohen Transportkosten zum Verhüttungsort wegen nicht mehr konkurrenzfähig waren.

Die 1967 sorgfältig abgeklärten Reserven betragen 5,5 Mio. Tonnen Roteisenerz; davon gelten 2,3 als «sicher» und 2 als «wahrscheinlich», weitere 1,2 sind wegen Bergsturzgefahr «unantastbar».

Das Bergwerk ist heute für Besuchergruppen zugänglich. Auskunft und Anmeldung beim Verein «Pro Gonzenbergwerk», St. Gallerstrasse, 7320 Sargans.

Über den Gonzen gibt es ein neues, schön illustriertes Buch (s. S. 187).
Bei *Herznach* (Fricktal) im Tafeljura war bis zum Beginn des 18. Jahrhunderts der Eisenoolith des Doggers abgebaut worden. Die Gruben gerieten dann in Vergessenheit und wurden erst 1935 wieder eröffnet. Bis zur Schliessung im Jahr 1967 (aus denselben Gründen wie beim Gonzen) wurden 1,7 Mio. t Erz mit 22 bis 30% Eisengehalt gewonnen. Die Reserven betragen 27,8 Mio. t Erz.
Die Ausbeutung von «Taschen» mit *Bohnerz (Abb. 94/5)* im Jura, vor allem im *Delsberger Becken*, lieferte bis 1926 1,5 Mio. t Erz mit 40% Eisen. Im Zweiten Weltkrieg kamen noch einmal 30 000 t Erz hinzu. Am *Mont Chemin* (VS), am Ostende des Mont Blanc-Massivs, gewann man im Zweiten Weltkrieg 14 000 t Magnetiterz.

Mangan

Rund 4/5 des im Zweiten Weltkrieg gewonnenen Manganerzes stammen aus dem Bergwerk am Gonzen, der Rest aus den Gruben bei Parsettens und Falotta (Oberhalbstein), wo das Erz in der Plattadecke zusammen mit Radiolarit auftritt *(Abb. 94/4)*.

Blei

Das ergiebigste der zahlreichen kleinen Bleivorkommen in den Kantonen Wallis und Graubünden war dasjenige von *Goppenstein*. Hier sind vor 1907 einige tausend Tonnen Bleierz abgebaut worden, in der ersten Hälfte des 18. Jahrhunderts offenbar mit grossem Gewinn. Fast alle Bleierzvorkommen führen auch Zinkerze und in kleinen Mengen Silber.

Nickel, Kobalt, Kupfer

In der Bernharddecke der südlichen Walliser Täler gibt es viele kleine, interessante Vorkommen dieser Metalle. Nickel und Kobalt wurden im Val d'Anniviers ab 1780 gewonnen (Gruben Grand Praz und Gollyre, bis 1860 50 bis 60 t Ni und Co), zwischen 1875 und 1900 auch im Turtmanntal am Kaltenberg (8 bis 10 t Co, wenig Ni). Der Kupferabbau begann 1836, und er brachte maximal 2000 t Kupfererz, davon die Grube Baicolliou bei Grimentz im Zweiten Weltkrieg 800 t *(Abb. 94/2* und *94/3)*.

Molybdän

Eine Lagerstätte dieses gesuchten Metalls im Baltschiedertal (VS) auf 2500 bis 2800 m Höhe wurde im Zweiten Weltkrieg abgebaut (Ertrag: 560 kg metallisches Molybdän). Das Vorkommen ist in den achtziger Jahren mit modernen Methoden erneut untersucht und als nicht abbauwürdig befunden worden *(Abb. 94/1)*.

Abb. 94
Schweizer Rohstoffe:
1 (ol): Molybdänerz (Baltschiedertal VS).
2 (or): Kobalterz (Turtmanntal VS).
3 (ml): Kupferkies (Val d'Anniviers VS).
4 (mr): Manganerz (Oberhalbstein GR).
5 (ul): Bohnerz (Delsberg JU).
6 (ur): Asphalt (Val de Travers NE) im Gestein und aufgeschmolzen.

Gold

Als im festen Gestein eingelagertes Berggold findet es sich bei Gondo im Zwischbergental (VS), am Calanda bei Chur und bei Salanfe im Unterwallis. Gesamthaft konnten 30 bis 40 kg des begehrten Metalls gewonnen werden, am Calanda und bei Gondo unter grössten finanziellen Verlusten gutgläubiger Geldgeber. 1813 wurden in der Berner Münzstätte einige Doublonen und Doppeldukaten aus Calandagold geprägt.
Die Kiesbänke der Napfflüsse führen *Flussgold*, das aus den Nagelfluhschichten stammt. Die Gehalte bewegen sich um einige Gramm Gold pro Tonne Gestein. Die Goldwäscherei wurde, wohl immer nur als Nebenerwerb, bis gegen 1900 betrieben, am intensivsten in den Jahren 1700 bis 1740. Heute ist es eine beliebte Freizeitbeschäftigung.
Goldfunde in der Lukmanierschlucht bei Disentis haben in den letzten Jahren eine Zeitlang für Schlagzeilen gesorgt.

Uran

Die systematische Untersuchung der Schweiz zwischen 1957 und 1977 hat zur Entdeckung von interessanten Uranvorkommen geführt. Die meisten davon liegen im Kanton Wallis, andere in Graubünden (Trun) und im Kanton St. Gallen (Verrucano der Mürtschenalp und des Weisstannentals). Eine gesamtschweizerische Studie kam 1986 zum Schluss, dass die Gestehungskosten auch der interessantesten Vorkommen weit über den Weltmarktpreisen liegen würden.

Kohle

Kohle findet sich in der Schweiz in Schichten unterschiedlichen Alters und verschiedener tektonischer Einheiten. Aus diesen Vorkommen wurden insgesamt gegen 3 Mio. t Kohle gefördert, $^2/_5$ dieser Menge allein im Zweiten Weltkrieg.

*Anthrazit*vorkommen sind an Schichten des Karbons gebunden, und zwar südlich des Rhonetals (penninische Zone houillère, Minen von Chandolin, Grône u. a.) und eingefaltet in die Zentralmassive (externe Karbonzone; Minen von Dorénaz im Unterwallis und Ferden im Lötschental).

Braunkohlen kommen vor
- im helvetischen Eozän (Minen des Kandertals und von Beatenberg)
- im Dogger der Préalpes (Minen im Simmental)
- in der Oberen Süsswassermolasse (Käpfnach, Riedhof im Reppischtal). Vom Bergwerkmuseum an der Bergwerkstrasse 29–31 in Horgen (ZH) aus sind die Stollen der ehemaligen Grube

Käpfnach Besuchern zugänglich, zwischen 1. April und 30. November an Samstagnachmittagen oder nach Voranmeldung bei Tel. 01 725 82 49.

Schieferkohlen sind zwischeneiszeitlichen Ursprungs (S. 34). Abbau bei Uznach, Wetzikon, Dürnten im Zürcher Oberland und bei Gondiswil–Zell (LU/BE), Gesamtproduktion über eine Million Tonnen.

Asphalt

Im Val de Travers NE findet sich ein bitumenimprägnierter Kalkstein, der direkt zu gebrauchsfertigem Asphalt gemahlen und geschmolzen werden kann *(Abb. 94/6)*. Bis 1920 wurden dort 1,5 Mio. t gewonnen. Seither betrug die Jahresproduktion 20 000 bis 50 000 t. Der Betrieb ist Ende 1986 eingestellt worden. Auch diese Mine ist für den Besucher hergerichtet worden. Auskünfte und Anmeldungen bei Navistra SA, route des Mines, 2105 Travers. Telefon 038 63 30 10.

Schotter

Dieses im Strassen- und Bahnbau benötigte eckige Gesteinsmaterial wird durch Brechen gewonnen. Die bedeutendsten Steinbrüche befinden sich in den Kieselkalken der helvetischen Kreide (Tab. 3, S. 81), welche den hohen Anforderungen an Druckfestigkeit und Frostbeständigkeit am besten entsprechen. In geringerem Umfang werden auch kristalline Gesteine verarbeitet.

Kies und Sand

In grossen Mengen im Hoch- und Tiefbau verwendet, sind Kies und Sand die wert- und volumenmässig bedeutendsten einheimischen Rohstoffe. Der grösste Teil wird im Mittelland gewonnen, in den quartären, unverfestigten Gletscherflussablagerungen. Aus Gründen des Grundwasser- und Landschaftsschutzes werden Neuanlagen und Erweiterungen von Kiesgruben immer mehr erschwert. Im Alpenraum spielt die Gewinnung aus Flussläufen und den Deltaablagerungen der Seen eine grosse Rolle.

Ton

Noch vor hundert Jahren gab es im nördlichen Mittelland und im östlichen Jura weit über 100 Ziegeleien. Erschöpfung der Vorkommen und höhere Ansprüche an das Rohmaterial führten zur heutigen Konzentration auf einige Dutzend grössere Betriebe.

Zement

Um die Zusammensetzung von Portlandzement zu erreichen – 64% $CaCO_3$, 22% SiO_2, 6% Al_2O_3 und weitere Gemengteile – müssen Kalkstein und Mergel oder Ton in ganz bestimmtem Mengenverhältnis abgebaut und gemischt werden. Für eine Million Tonnen gebrannten Zementklinkers, dem Ausgangsstoff für die Betonherstellung, werden 1,6 Millionen t Gestein benötigt; die Differenz ist der Wasser- und Kohlendioxidverlust beim Brennen.
Die Zementherstellung ist sehr kapitalintensiv; als Gruben kommen daher nur Standorte mit grossen Reserven in Frage. 1991 waren in der Schweiz 11 Zementfabriken in Betrieb, 8 im Jura, zwei im Helvetikum und eine in den Préalpes.

Gips

Die Gipsvorkommen der Schweiz, konzentriert im östlichen Jura und in den nördlichen Alpen, sind in der mittleren Triaszeit (Muschelkalk) entstanden. Von den zum Teil sehr mächtigen Gipskörpern können nur die oberflächennahen Schichten abgebaut werden, denn in Tiefen ab 50 bis 100 Metern tritt der nur in geringen Mengen verwendbare Anhydrit, der wasserfreie Gips, auf. Im Betrieb waren anfangs 1992 sechs Gruben, nämlich Leissigen/Krattigen (BE), Melbach/Kerns (OW), Bex (VD), Granges (VS) und Zeglingen (BL).
Etwas mehr als die Hälfte der Produktion wird als Zuschlagsstoff für Zement verwendet. Mit dem Rest werden Gipsprodukte für Bauindustrie und -gewerbe hergestellt.

Steinsalz

Reiche Vorkommen finden sich am Rhein in den Kantonen Basel-Land und Aargau, am Nordrand des Tafeljuras. In die 140 bis 400 m unter der Oberfläche liegenden, einige Dutzend Meter mächtigen Salzschichten der Trias wird Grundwasser gepumpt, die salzgesättigte Sole gefördert und gereinigt. Der Abbau erfolgt im Auftrag von 24 Kantonen durch die Vereinigten Schweizerischen Rheinsalinen. Der Kanton Waadt gewinnt sein eigenes Salz in den Salinen von Bex; grosse Teile der seit dem 16. Jahrhundert betriebenen Anlage sind als Schaubergwerk hergerichtet worden. Informationen und Anmeldungen: Soc. Vaudoise des Salines de Bex, Telefon 025 63 24 62.

Baustein

Über die historische Entwicklung der Gewinnung von Bau- und Dekorationsstein wurde bereits auf S.167 berichtet.
Blütezeit der schweizerischen Steinbruchindustrie waren die Jahr-

PRÄSIDENT

zehnte zwischen 1860, der Eröffnung des Eisenbahnnetzes, und dem Ersten Weltkrieg mit den darauf folgenden Krisenjahren und dem Siegeszug des Betons. Aus dieser Periode stammen viele prachtvolle Bauten aus Schweizer Gesteinen in unseren Städten. Als herausragendes Beispiel mag das Parlamentsgebäude in Bern (Baujahr 1894–1902) erwähnt sein: gezielt und bewusst hat man hier 32 verschiedene Gesteine schweizerischer Herkunft verwendet, viele davon in Werkstücken von einmaliger Art und Grösse *(Abb. 95)*.

Heute liegt der Naturstein wieder im Trend. Erfreulicherweise haben sich neben der erdrückenden ausländischen Konkurrenz auch eine ganze Anzahl einheimischer Steinbrüche behaupten können: Plattige, gneisige Gesteine für Boden- und Gartenplatten, Treppenstufen, Fassaden, Rand- und Marksteine werden in grossem Umfang im Tessin, vor allem im Verzasca- und Maggiatal und in der Leventina gewonnen. In Handel werden sie allgemein als *granito* bezeichnet. Gesuchte Dekorationsgesteine sind die gelblichen Jura-Kalksteine, etwa der *Laufener-Stein* oder der *Solothurner-Marmor* von Lommiswil (s. S. 167), der *Marmor von Peccia* im Maggiatal, der «granito nero» von Castione (ein Kalksilikatfels), die bunten *Trümmermarmore* von Arzo TI, der Gneis von Andeer GR, die plattigen, grünlichen *Quarzite von St. Niklaus* im Mattertal und der *Serpentinit* von Poschiavo. Steinbrüche im Mittelland – es mögen rund 20 sein – liefern heute vorwiegend Sandstein für Restaurationsarbeiten.

◄ *Abb. 95*
Schweizer Dekorationsgesteine in der Wandelhalle des Parlamentsgebäudes in Bern (Bau 1894–1902).
Türeinfassungen: graugrüner und roter Grindelwaldner-Marmor (links in Nahaufnahme).
Säulen und Sockel: Kalksteine von Arzo (Kapitelle und Basen: weisser Carraramarmor aus Italien).
Ofenverkleidung: Marmor von Saillon VS.
Aus: Labhart/Thierstein «Die Steine des Parlamentsgebäudes». 1987.

11. Erdbeben

Unser Land liegt glücklicherweise ausserhalb der grossen Erdbebenzonen der Erde, welche an bestimmte Plattengrenzen gebunden sind (vgl. Abschnitt 8). Immerhin ereignen sich in der Schweiz jährlich drei bis fünf für den Menschen deutlich spürbare Beben, die hin und wieder auch ältere Gebäude beschädigen. Mit der Überwachung der Erdbebentätigkeit ist der Schweizerische Erdbebendienst, eine Annexanstalt der Eidgenössischen Technischen Hochschule (ETH) in Zürich, beauftragt. Er unterhält ein über das Land verteiltes Netz von Registriergeräten (Seismographen). Die Messresultate, ergänzt durch ältere, überlieferte Angaben, wurden 1978 zu einer Erdbeben-Risikokarte verarbeitet. Es ergab sich dabei, dass zwischen den Jahren 1000 und 1975 15 Beben der Intensität VIII und 3 der Intensität IX aufgetreten sind.
Als *Intensität* eines Erdbebens bezeichnet man seine Schadenwirkung auf Lebewesen, Bauten und auf die Landschaft. In Europa wird die zwölfstufige MSK-Intensitätsskala verwendet, benannt nach den Physikern *M*edvedev, *S*ponheuer, *K*ernik.
Aus der Risikokarte geht hervor, dass die Gefährdung durch Erdbeben regional sehr unterschiedlich ist: Relativ gross ist sie im Mittelwallis, in der südlichen Zentralschweiz, im Engadin und in der Region Basel, recht gering hingegen im Mittelland und im Südtessin. Der Zusammenhang zwischen der Erdbebenhäufigkeit und dem geologischen Bau des Untergrundes ist nicht sehr klar. Die Schwerpunkte Wallis, Engadin und Basel befinden sich immerhin im Bereich wichtiger Bruchzonen: Basel am Südende des Rheintalgrabens, eines der seismisch aktivsten Gebiete der Bundesrepublik Deutschland.
Es ist bekannt, dass der Aufstau oder die Leerung künstlicher Seen lokale Erdbeben bewirken können. Nachdem man 1965 beim Aufstau des Sees von Contra im Verzascatal derartige Beben feststellte, lässt der Bund seit 1968 alle Staudämme der Schweiz seismographisch überwachen.

Das Erdbeben von Basel anno 1356

Am Abend des 18. Oktobers 1356 gegen 22 Uhr wurde die Region Basel vom stärksten Erdbeben erschüttert, das in diesem Jahrtausend nördlich der Alpen aufgetreten ist. Innerhalb der Ringmauern wurden praktisch sämtliche Gebäude beschädigt oder zerstört. «Man sol wissen, daz dise stat von dem ertpidem zerstört und zerbrochen wart, und beleib enhein kilche, turne noch steinin hus weder in der stat noch in den vorstetten ganz, und wurdent gross eclich zerstoeret» ist im «Roten Buch von Basel», einer Chronik aus jener Zeit, zu lesen. Als Folge des Bebens brach ein Brand aus, der im Fachwerk und den Schindeldächern der Häuser reichlich Nahrung fand, eine ganze Woche lang wütete und die Innenstadt vollends zerstörte. Unter der Bevölkerung, acht Jahre zuvor bereits durch die erste grosse europäische Pestepidemie dezimiert, waren mehrere hundert Todesopfer zu beklagen.

Das Beben richtete aber auch in der weiteren Umgebung von Basel grosse Schäden an. Eine sorgfältige Auswertung aller erhaltenen Quellen – Chroniken, Rechnungen für Reparaturen und andere Berichte – erlaubte eine Rekonstruktion der Schäden und damit der Stärke des Bebens. In einem zentralen Areal von rund 20 Kilometer Durchmesser waren über drei Viertel der Schlösser oder Burgen und der Städte zerstört. Die Intensität des Bebens erreichte hier die Stufe IX bis X auf der MSK-Skala.

Nach den Abschätzungen der Experten befand sich das Epizentrum des Bebens rund zehn Kilometer südlich von Basel, unweit der östlichen Hauptbruchzone am Südende des Rheintalgrabens. Auch die geschätzte Herdtiefe von 10–20 Kilometern deutet darauf hin, dass das Beben mit Bewegungen an diesem grossen Grabenbruchsystem zusammenhing.

Abb. 96
Darstellung des Meteoritenfalls vom 7. November 1492 bei Ensisheim im Elsass in Diebold Schillings Luzerner Bildchronik 1513.
«...da kam ein gross getön glich dem tonder, und fiel ein grosser stein by den dryen zentnern schwär herab uss dem luft, darab sich alle wält verwundert.»

12. Meteoritenfälle

Beim Fund eines glasig-schlackigen oder metallischen Steins kommt gelegentlich der Gedanke auf, er sei vielleicht vom Himmel gefallen, es könnte sich um einen Meteoriten handeln. Gross ist die Wahrscheinlichkeit aber nicht. In der Schweiz sind erst sechs Meteoriten sicher identifiziert worden:

1. *Eisenmeteorit von Rafrüti* (Napfgebiet BE), gefallen wahrscheinlich 1856, gefunden 1886. 18,2 kg, bestehend zu 89,9% aus Eisen und zu 9,5% aus Nickel. Heute im Naturhistorischen Museum Bern.
2. *Steinmeteorit von Chervettaz* bei Palézieux (VD), gefallen am 30. November 1901, 750 g. Museum der Universität Lausanne.
3. *Steinmeteorit von Ulmiz* bei Murten (FR), gefallen am 26. Dezember 1926. Zehn Bruchstücke von total 76,5 g. Naturhistorische Museen Freiburg und Bern.
4. *Steinmeteorit von Utzenstorf* (BE), gefallen am 16. August 1928. Drei Stücke von total 3422 g. Naturhistorisches Museum Bern.
5. *Steinmeteorit von Langwies* (GR), aufgefunden 1965. 16,5 g. In Privatbesitz.
6. *Eisenmeteorit vom Twannberg* (BE), aufgefunden 1984. 15,9 kg. Museum Schönenwerd und Naturhistorisches Museum Bern.

Neben diesen Fällen von Kleinmeteoriten, die man als Kuriositäten abtun könnte, gibt es Meteoriteneinschläge, die geologisch von einiger Bedeutung sind. Einer der eindrucksvollsten der etwa 100 bekannten irdischen Einschlagskrater liegt weniger als 200 km von der Schweizer Grenze entfernt: *das Nördlinger Ries bei Ulm,* ein kreisrunder Kessel von rund 24 km Durchmesser. Hier ist zur Zeit der Oberen Meeresmolasse ein Meteorit von einigen hundert Metern Durchmesser und einer Masse von vielen Millionen Tonnen mit einer Geschwindigkeit von mehreren Kilometern pro Sekunde aufgeschlagen. Dabei entstand ein Druck von einigen Millionen Atmosphären, was die Gesteine auf ein Viertel ihres Volumens komprimierte. Die Temperatur von einigen zehntausend Grad liess den Meteoriten und einen Teil des Gesteins verdampfen. Sekunden darauf wurden aus einem mehrere Kilometer tiefen Krater 50 bis 100 Kubikkilometer pulverisierten Gesteins ausgeworfen und anschliessend auf einer Fläche von gegen 2500 km^2 in einer bis zu hundert Meter dicken Schicht abgelagert. Man muss annehmen, dass jedes Leben im Umkreis von hundert Kilometern vernichtet wurde.

Neue Beobachtungen in der oberen Meeresmolasse der Ostschweiz lassen vermuten, dass gleichzeitig auch ein Meteoriteneinschlag in die sandig-mergeligen Molasseschichten der Region Romanshorn–Amriswil erfolgt ist. Dabei wurden Malmkalkblöcke aus rund 2000 m Tiefe herausgeschleudert. Sie finden sich heute als eckige Blöcke mit typischen Einschlagspuren, die sich scharf abheben von den sie umgebenden gerundeten Flussgeröllen der Molasse. Verschiedene Rundformen in der Schweiz sind in letzter Zeit als mögliche Einschlagstrichter gedeutet worden, unter anderen die zwei auffälligen Kessel Champ Meusel und Les Chennevières im Jura am Mont Soleil bei St. Imier (BE). Schlüssige Beweise konnten bisher in keinem Fall beigebracht werden.

13. Gesteins- und Mineraliensammlungen

Es gibt in der Schweiz zahlreiche Museen mit erdwissenschaftlichen Sammlungen. Ohne Anspruch auf Vollständigkeit zu erheben, seien im folgenden die bedeutendsten zusammengestellt.

Abkürzungen: S = Sammlung(en); allg. = allgemein-systematische Sammlungen zur Mineralogie, Geologie, Petrographie oder Paläontologie; reg. = Sammlungen zur regionalen Geologie. * = besonders sehenswerte Ausstellungsteile.

Aarau. Aargauisches Naturmuseum, Bahnhofplatz.

Arth (SZ). Bergsturz-Museum Goldau. Materialien zum Bergsturz.

Basel. Naturhistorisches Museum, Augustinergasse 2. Reichhaltige allg. und reg. S. * Geologie der Erde, Plattentektonik.

Bern. Naturhistorisches Museum, Bernastrasse 15. Reichhaltige allg. S. * Alpine Kluftmineralien, u.a. Riesenrauchquarze vom Tiefengletscher, Edelsteinkabinett, Ausstellung Geologie der Erde.

Chur. Bündner Naturhistorisches Museum, Masanserstrasse 31. Reg. S. Graubünden.

Davos-Monstein. Bergbaumuseum Schmelzboden. Materialien zum Bergbau im Graubünden.

Freiburg. Naturhistorisches Museum, Universität, Faculté des Sciences, Pérolles. Allg. und reg. S. * Mineralien des Binntals. Rekonstruktion Quarzkluft Zinggenstock.

Genf. Museum d'histoire naturelle, route de Malagnou. Reichhaltige allg. und reg. S. * Saurier; geologisches Relief der Schweiz.

Gotthardpass. Museo Nazionale del San Gottardo. Reg. S., Zerrkluftmineralien. Nur im Sommer geöffnet.

Guttannen (BE). Kristallmuseum E. Rufibach. Zerrkluftmineralien aus dem Oberhasli. * Rauchquarze vom Zinggenstock.

Lausanne. Musée géologique cantonal, Palais de Rumine. Reichhaltige allg. und reg. S.

Lugano. Museo cantonale di Storia naturale, Viale Carlo Cattaneo 4. Reichhaltige reg. S. Tessin.

Luzern.

- Gletschergarten und Gletschermuseum, Denkmalstrasse 4. * Im Garten glazial überprägter Molassefels mit Gletscherschliff, Gletschermühlen und erratischen Blöcken. Im Museum Geologie der Innerschweiz und der Eiszeiten.
- Naturmuseum, Kasernenplatz 6. Allg. und reg. S. (Innerschweiz), modern und anregend präsentiert.

Olten. Naturmuseum, Kirchgasse 10. Allg. und reg. S.

St. Gallen. Kunst- und Naturmuseum, Museumsstrasse 32. Allg. und reg. S., modern präsentiert. * Anatosaurier-Skelett.

Schönenwerd (SO). Bally Museums-Stiftung, Oltenerstrasse 80. Mineralstufen aus aller Welt. Grosse Meteoritensammlung.

Seedorf (UR). Urner Mineralien-Museum, Schloss A Pro. Mineralien des Kantons Uri; Wechselausstellungen. Nur im Sommer geöffnet.

Sion (VS). 42, av. de la Gare. * Saurierfährten von Emosson (VS).

Solothurn. Naturmuseum, Klosterplatz. Allg. und reg. S. Fossilien des Schweizer Juras. * Fossile Schildkröten.

Stampa (Bergell GR). Talmuseum Chiäsa Granda. Reichhaltige reg. S.

Winterthur. Naturwissenschaftliche Sammlungen der Stadt Winterthur, Museumsstrasse 52. Allg. S.

Zürich.

- Erdwissenschaftliche Sammlungen der ETH, Sonneggstrasse 5. * Ausstellungen über allg. und reg. Mineralogie, Gesteinskunde, Geologie und Erdgeschichte.
- Paläontologisches Museum der Universität, Künstlergasse 16. Reichhaltige S. schweizerischer und ausländischer Fossilien.

  * Saurier vom Monte San Giorgio (TI). Mammutfunde. Wirbeltiere aus der Süsswassermolasse.

14. Literatur

Vielleicht möchte sich der eine oder andere Leser eingehender mit der Geologie der Schweiz oder mit Teilgebieten davon beschäftigen. Für ihn ist die Liste mehr oder weniger allgemeinverständlich gehaltener Werke am Ende dieses Abschnitts bestimmt. Wer einfache Beschreibungen regionaler Geologie (seiner Wohn- oder Ferienregion zum Beispiel) sucht, wird wohl zu Recht enttäuscht sein: In der Schweiz herrscht ein ausgesprochener Mangel an solchen Beschreibungen. Unser Land ist zwar geologisch sehr gut und im Detail untersucht, und die Ergebnisse sind meist auch veröffentlicht worden. Um in der Fülle der mehreren zehntausend Publikationen etwas Bestimmtes zu finden, muss man schon recht systematisch vorgehen. Hier einige Hinweise: *Alle* veröffentlichten Arbeiten finden sich, nach Regionen und Fachgebieten geordnet, in der seit 1925 jährlich durch die Landesbibliothek herausgegebenen Bibliographie der Naturwissenschaften (Bibliographia scientia naturalis). Diese liegt in grösseren Bibliotheken auf. Für ältere Literatur gibt es Bibliographien in Buchform*. Die Landesbibliothek in Bern besitzt im übrigen praktisch sämtliche die Schweiz betreffenden Publikationen seit 1848. Die beiden wichtigsten erdwissenschaftlichen Zeitschriften der Schweiz sind die *«Eclogae geologicae Helvetiae»*, herausgegeben von der Schweizerischen Geologischen Gesellschaft seit 1888, und *«Schweizerische Mineralogische und Petrographische Mitteilungen»* (kurz SMPM), herausgegeben von der Schweizerischen Mineralogischen und Petrographischen Gesellschaft seit 1921.
Auf die Strahlerzeitschriften «Schweizer Strahler» und «Mineralienfreund», und auf die beiden Zeitschriften über historischen Bergbau «Bergknappe» und «Minaria» wurde bereits hingewiesen (S. 120 und 167).
Viele wichtige grössere regionale Untersuchungen sind in der Reihe *«Beiträge zur geologischen Karte der Schweiz»* erschienen. Sie werden von der Schweizerischen Geologischen Kommission herausgegeben; von 1862 bis 1991 in unregelmässigen Zeitabständen insgesamt 248 Bände. *Die Beiträge zur Geologie der Schweiz, Geotechnische Serie* der Schweizerischen Geotechni-

* Bibliographie für die Jahre *1770 – 1900:* Beiträge zur Geologie der Schweiz, neue Folge, Band 29. *1900 – 1910:* Gleiche Reihe, neue Folge, Band 40. *1910 – 1920:* Gleiche Reihe, neue Folge, Band 56. 1921–1930: Gleiche Reihe, neue Folge, Band 73.

schen Kommission, befassen sich in erster Linie mit schweizerischen Rohstoffen (1899 bis 1991 91 Bände).
Eine 1987 neu geschaffene Serie «Geologische Berichte» der Landeshydrologie und -geologie umfasst bis Ende 1991 13 Bände, darunter umfangreiche Dokumentationen über die Sondierbohrungen der NAGRA in Böttstein, Leuggern, Riniken, Schafisheim und Weiach.

Weiterführende Literatur

Übersichten / Gesamtschweiz

Geologischer Führer der Schweiz. 2., völlig veränderte Auflage, Wepf, Basel, 1967.
Geology of Switzerland. Part A: An outline of the Geology of Switzerland. Wepf, Basel, 1980.
Geology of Switzerland. Part B: Geological Excursions. Wepf, Basel, 1980.
H. Heierli: Geologischer Wanderführer der Schweiz. Ott, Thun, 1982.
L. Hottinger: Wenn Steine sprechen. Über die Geologie der Alpen. Birkhäuser, Basel 1980.
K. J. Hsü und U. Briegel: Geologie der Schweiz. Birkhäuser, Basel, 1991.*

Beschreibung einzelner Regionen

(zum Teil als Exkursionsführer konzipiert oder verwendbar)

H.U. Bambauer: Die Gesteine des Tavetsch. Kur- und Verkehrsverein Sedrun, 1978.
P. Bearth: Geologie von Zermatt. Verkehrsverein Zermatt.
P. Bearth: Geologie von Saas Fee. Verkehrsverein Saas Fee.
P. Bitterli-Brunner: Geologischer Führer der Region Basel. Birkhäuser, Basel, 1987.
M. Burri: Les Roches du Valais (vorderhand nur in französischer Sprache)
Encyclopédie du canton de Vaud, Band II, Seiten 3 bis 70 (Geologie des Kantons Waadt). Editions 24 heures, Lausanne, 1973.
H. Heierli: Der geologische Wanderweg Hoher Kasten – Stauberen-Saxerlücke. Fehr, St. Gallen, 1972.

* Untertitel: «Ein Lehrbuch für den Einstieg und eine Auseinandersetzung mit den Experten». Für die Auseinandersetzung mit (und unter) Experten ist dieses Buch geeignet, für den Einstieg u. E. wohl nur zusammen mit den Vorlesungen des erstgenannten Autors, aus deren Skript heraus es entstanden ist.

H. Heierli: Die Ostschweizer Alpen und ihr Vorland. Sammlung geologischer Führer, Band 75. Borntraeger, Berlin, 1984.
F. Hofmann und H. Hübscher: Geologieführer der Region Schaffhausen. Meier, Schaffhausen, 1977.
H. Jäckli: Das Tal des Hinterrheins. Orell Füssli, 1980.
H. Jäckli: Geologie von Zürich. Orell Füssli, 1989.
T. Labhart: Aarmassiv und Gotthardmassiv. Sammlung geologischer Führer, Band 63. Borntraeger, Berlin, 1977.
H. Ledermann: Geologischer Wanderweg Weissenstein. Naturforschende Gesellschaft Solothurn, 1981.
W. Wildi: Erdgeschichte und Landschaften im Kanton Aargau. Sauerländer, Aarau, 1983.

Spezialgebiete/ Thematisches

R. Hantke: Eiszeitalter, Bände 1–3; Ott, Thun; 1978–1983.
R. Hantke: Landschaftsgeschichte der Schweiz und ihrer Nachbargebiete. Ott, Thun, 1991.
F. Haverkamp und P. Hottinger: Mineralien sammeln. Schweiz. Vereinigung der Strahler und Mineraliensammler. Ott, Thun, 1991.
P. Heitzmann und F. Auf der Maur: Gesteine bestimmen und verstehen. Birkhäuser, Basel, 1989.
P. Hügger und W. Epprecht: Der Gonzen. 2000 Jahre Bergbau. Kant. Lehrmittelverlag St. Gallen, Rorschach, 1991.
H. Krähenbühl: Der historische Bergbau in Graubünden. Verlag Bergbaufreunde, 7270 Davos-Platz, 1984.
F. de Quervain: Die nutzbaren Gesteine der Schweiz. Kümmerly & Frey, Bern, 1969 (Neuauflage in Bearbeitung).
M. Weibel, S. Graeser, W. F. Oberholzer, H.-A. Stalder und W. Gabriel: Die Mineralien der Schweiz. Birkhäuser, Basel, 1990.

Benachbartes Ausland

H. Bögel und K. Schmidt: Kleine Geologie der Ostalpen. Ott, Thun, 1976.
D. Henningsen: Geologie der Bundesrepublik Deutschland. dtv wissenschaftliche Reihe Nr. 4182, Enke, Stuttgart, 1976.
H.A. Kollmann u. A.: Österreichs Boden im Wandel der Zeit. Braumüller, Wien, 1982.
H. und U. Scholz: Das Werden der Allgäuer Landschaft. Verlag für Heimatpflege, Kempten, 1981.
A. Schreiner: Hegau und westlicher Bodensee. Sammlung geologischer Führer, Band 62. Borntraeger, Berlin, 1976.

15. Geologische Karten

Grundsätzliches

Eine topographische Karte (eine «Landkarte») gibt Auskunft über die Form und Beschaffenheit der Erdoberfläche, den Verlauf von Gewässern und die Lage der vom Menschen geschaffenen Dinge wie Häuser, Strassen, Eisenbahnlinien und so fort. Jede geologische Karte basiert auf einer topographischen, nur werden hier die verschiedenen zutage tretenden Gesteine mit Farben gekennzeichnet. Geologisch wichtige Lokalitäten wie Steinbrüche, Bergwerke, Quellaustritte, Wasserfassungen und Fossilfundstellen werden mit Signaturen vermerkt. Eingetragen werden auch Verlauf und die Orientierung von Strukturelementen wie Brüche, Schichtflächen, Schieferungsflächen und Faltenachsen (s. Kasten). Die Farben und die Signaturen sind in einer Legende erklärt, die auch Auskunft über die Schichtfolge gibt.

Die Lage flächiger Gefüge legt man mit der Angabe des Streichens und des Fallens fest. Die Streichrichtung ist die Horizontale auf einer Fläche; ihre Lage wird durch die Abweichung von der Nordrichtung in Grad angegeben. Das Fallen ist die Richtung des fliessenden Wassers auf einer Fläche; es schwankt zwischen 0° (horizontale Fläche) und 90° (vertikale Fläche). Streichen und Fallen bilden einen rechten Winkel. In die Karten trägt man die beiden Richtungen in Form eines «Fallzeichens», ein T mit verlängerten Querbalken, ein. Die Streichrichtung (Querbalken) wird in der richtigen Orientierung hingesetzt, die Fallrichtung in der Richtung des Einfallens; dazu gehört als Zahl der Betrag des Einfallens in Graden.

In *Abb. 97* wird die Darstellung desselben Geländeabschnittes auf einer topographischen und einer geologischen Karte gezeigt.
Geologische Karten gibt es, je nach Verwendungszweck, in den verschiedensten Varianten und Massstäben. Die *Abb. 1, 2, 9, 16, 18, 39, 63, 81 und 97* dieses Bändchens sind geologische Karten im weiteren Sinne.
Wer die Geologie eines Gebietes begreifen will, der benötigt neben

entsprechenden Beschreibungen aus der Literatur eigentlich immer auch eine geologische Karte.
Man muss unterscheiden zwischen Karten, die speziell für den Verkauf hergestellt werden, und solchen, die wissenschaftlichen Arbeiten beigelegt sind. An die letztgenannten kommt man über die entsprechende Literatur heran.

Die geologischen Karten der Schweiz

Mit der geologischen Landeskartierung und mit der Herstellung käuflicher Karten befasst sich die Sektion «Geologische Landesaufnahme» der Abteilung «Landeshydrologie und -geologie» im Bundesamt für Umwelt, Wald und Landschaft. Sie führt die Tradition der Schweizerischen Geologischen Kommission weiter, welche zwischen 1860 und 1986 auf privater Basis – wenn auch mit Bundessubventionen – die Landeskartierung getragen und aufgebaut hatte. Beibehalten wurde aber auch (weltweit ein Unikum) die Abstützung auf ehrenamtliche Mitarbeiter, Geologen an Universitäten, höheren Schulen oder in der Privatwirtschaft.
Über die Geschichte der Geologischen Kommission und über die Entstehung und Herstellung der Karten orientiert die Broschüre «Geologische Karten: eine Landesaufgabe» aus dem Jahr 1985.

Folgende Kartenwerke waren Ende 1991 lieferbar*:
- Der ***«Geologische Atlas der Schweiz»*** 1:25 000 ist das im Aufbau begriffene Standardkartenwerk der Schweiz, mit derselben Blatteinteilung und -bezeichnung wie die topographische Landeskarte 1:25 000. Von den 238 Blättern sind bis Ende 1991 87 erschienen; davon sind 22 vergriffen. Die lieferbaren Blätter betreffen ganz unregelmässig über das Land verteilte Regionen. Zu den meisten Blättern gehört ein Erläuterungsheft, in dem die Geologie des Gebiets im Detail beschrieben wird.
- Durchwegs vergriffen und leider kaum durch modernere ersetzt sind die 120 Karten, die zwischen 1862 und 1948 als ***«Geologische Spezialkarten»*** erschienen sind. Dieser Serie wurden 1984 die neuerstellte «Geologische Karte der zentralen Nordschweiz» 1:100 000 und 1987 eine «Geologische Karte des schweizerischen Nationalparks» 1:50 000 angegliedert.
- Zu erwähnen ist ferner die von privater Seite herausgegebene ***Geologische Karte des Kantons Zürich*** 1:50 000.
- Die ***Tektonische Karte der Schweiz*** und die ***Geologische Karte der Schweiz***, beide 1:500 000, ohne Erläuterungen, eignen sich gut als Übersichtskarten.
- Aus dem Kartenwerk ***«Atlas der Schweiz»*** sind als ungefalzte Einzelblätter im Format 76 x 51 cm erhältlich die Blatter *Geologie*

* Über den jeweiligen Stand orientiert ein Prospekt, der im Buchhandel erhältlich ist.

mit Legende (4 und 4a), *Geotektonik* (5), *Die Schweiz zur letzten Eiszeit* (6), *Böden* (7), *Geophysik* (10), *Hydrogeologie* (16) und *Gesteine und Bodenschätze* (58), alle im Massstab 1:500 000.
- Eine Serie **«Geophysikalische Karte der Schweiz»** 1:500 000, 10 Blätter. Geologisch von besonderem Interesse sind

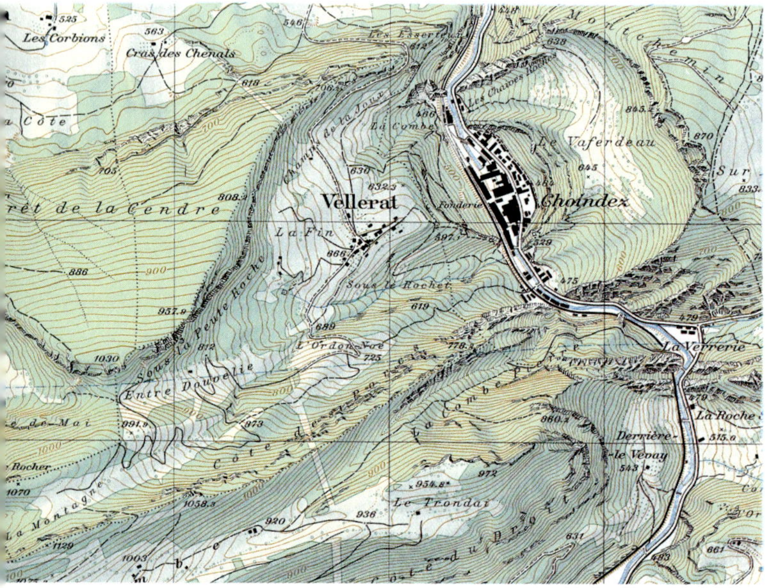

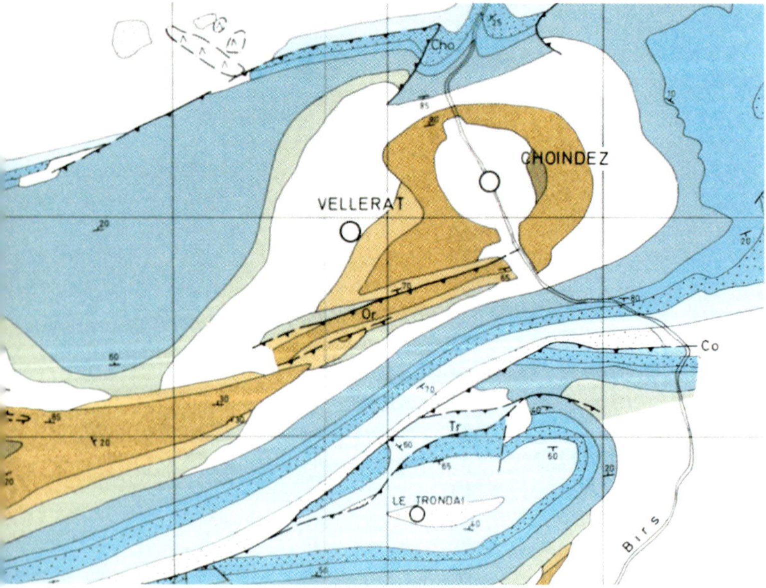

die Blätter Nr. 4 und 5 (Schwerekarten), 7 (Erdbebengefährdung), 8 (Seismizität) und 10 (Geothermische Karte).
- Die ***Geotechnische Karte der Schweiz*** 1:200 000 gibt in vier Blättern mit ausführlichen Erläuterungsheften Auskunft über Rohstoffvorkommen und Gesteine des Landes.
- Im Aufbau begriffen sind eine Reihe **«Karte der mineralischen Rohstoffe»** der Schweiz 1:200 000 (erschienen ist Blatt 1 «Ticino-Uri») und **«Hydrogeologische Karte der Schweiz»** 1:100 000 (erhältlich bis heute 5 Blätter).

Verzeichnisse aller geologischen Karten der Schweiz finden sich im Band 62 der «Beiträge zur geologischen Karte der Schweiz» von W. Hotz (von den Anfängen bis 1930) und im Band 151 derselben Reihe von W. Flück (für die Jahre 1950–1970). Für die Jahre 1930–1950 existiert nur ein vervielfältigtes Manuskript.

◀ *Abb. 97*
Gegenüberstellung der topographischen und der geologischen Karte eines rund zehn Quadratkilometer grossen Gebietes im Faltenjura zwischen Delsberg und Moutier. Deutlich ist der Zusammenhang von Landschaftsformen und geologischem Bau zu sehen. Im Bereich der aufgebrochenen Falte hat die Abtragung den harten Kalkstein des Kimmeridgien (mittlerer Malm; blaugrau auf der geologischen Karte) als Felsrippen und -stufen heraupräpariert. Die vielfach waldfreien Mulden markieren den Verlauf der weichen und leicht erodierbaren Tone des Oxfordien (unterer Malm; grau bzw. weiss auf der geologischen Karte). Im Innern der Falten bilden die Kalksteine des Doggers (braun) erneut Felsrippen und -kuppen. (Geologische Karte aus: Heckendorn, Beiträge zur geologischen Karte der Schweiz 147, 1974. Topographische Karte reproduziert mit Bewilligung des Bundesamtes für Landestopographie vom 26. 6. 1986).

16. Hundert wichtige Fachausdrücke

→ Hinweis auf anderes Stichwort
Syn. = gleichbedeutender Begriff (Synonym)

Akkretionskeil → ***Mélange.***

Altersbestimmung, radiometrische Bestimmung des effektiven Alters eines Gesteins, eines Minerals oder eines Ereignisses mit Hilfe der Untersuchung des Zerfallszustandes radioaktiver Elemente.

Antiklinale Faltensattel.

Asthenosphäre Gesteinsschicht der Erde unter der → Lithosphäre unterhalb 80 bis 150 km Tiefe, die sich infolge des hohen Drucks und der hohen Temperatur plastisch verhält (→ Konvektionsströme).

Aufschluss Stelle, an der ein bestimmtes Gestein an der Erdoberfläche sichtbar und zugänglich (aufgeschlossen) ist.

autochthon Gesteinsmassen, die während einer Gebirgsbildung an Ort und Stelle geblieben sind (Gegenteil: *allochthon).*

basisch = kieselsäurearm. Basische magmatische Gesteine sind dunkel und quarzfrei oder quarzarm (z.B. Basalt, Gabbro, Peridotit).

Blattverschiebung → *Bruch* mit horizontaler Verschiebungsrichtung der beiden gegeneinander bewegten Blöcke (Syn.: **Transformstörung**).

Böden Dünne, lockere Verwitterungsschicht der Erdoberfläche, durchsetzt mit Pflanzenresten (Humus) und Kleinlebewesen, wichtig als Träger der Vegetation.

Bruch Fläche, an der sich zwei Gesteinsblöcke gegeneinander verschoben haben (Verwerfung); je nach Lage der Fläche Abschiebung, Aufschiebung, Überschiebung oder → Blattverschiebung / Transformstörung (S. 145).

Bündnerschiefer Kalkig-tonige Sedimente, die während der Jura- und der unteren Kreidezeit im penninischen Wallisertrog abgelagert worden sind; Mächtigkeit mehrere tausend Meter. Infolge späterer alpiner Metamorphose sind es heute Kalk-, Ton-, Glimmer- oder Kalkglimmerschiefer. Franz.: Schistes lustrés (= Glanzschiefer).

Decken Durch tektonische Vorgänge von ihrem ursprünglichen Standort wegbewegte, überschobene Gesteinsmassen.

detritisch Aus Abtragungsschutt bestehend.

Detritus Abtragungsschutt.

dextral Versetzungssinn bei Blattverschiebungen (Syn.: rechtshändig; s. S. 145).

Diagenese Verfestigung von Sedimenten (Entwässerung, Kompaktion und Verkittung).

Disharmonische Faltung Ungleicher Faltungsstil unterschiedlicher Schichten in einem verfalteten Schichtpaket; beruht auf unterschiedlicher Verformbarkeit (→ kompetent, → inkompetent)

Diskordanz Aufeinanderfolge ungleich gelagerter Schichten in einem → Profil. Oft Überlagerung älterer gefalteter Schichten durch jüngere flachgelagerte. Der Begriff wird auch dort verwendet, wo magmatische Gesteine ältere Strukturen quer durchsetzen oder abschneiden («diskordanter Gang»).

Epizentrum Punkt auf der Erdoberfläche über dem → Hypozentrum, dem Entstehungsort eines Erdbebens. Entspricht oft dem Gebiet der grössten → Intensität des Bebens.

Erdkern Innerster Teil der Erde, von 2900 km Tiefe bis ins Zentrum reichend, bestehend aus Materie der Dichte 8 bis 10, wahrscheinlich eine Eisen-Nickel-Legierung.

Erdkruste Oberste, 10 bis 60 Kilometer mächtige Gesteinsschicht der Erde oberhalb der → *Mohorovičič-Diskontinuität*, bestehend aus granitischen Gesteinen (Kontinente) bzw. Basalten (Ozeane).

Erdmantel Mächtige, fast 3000 km dicke Schale der Erde zwischen der → *Erdkruste* und dem → *Erdkern, oft aufgeteilt in einen oberen Mantel (bis 900 km) und einen unteren Mantel.*

Erosion Abtragung von Gestein durch fliessende Gewässer (im weiteren Sinne auch durch Meeresbrandung, Eis und Wind).

Eruptivgesteine → *Magmatische Gesteine.*

Erz Gesteine, aus denen sich Metalle gewinnen lassen.

Evaporite Eindampfungssedimente (Steinsalz, Kalisalz, Gips)

Extrusion Austreten von Lava an der Erdoberfläche oder an den Ozeanböden.

Fazies Bei *Sedimenten* Gesamtheit der Merkmale eines Sedimentes (Zusammensetzung, Fossilinhalt, Ablagerungsraum usw.). Eine *metamorphe Fazies* umfasst alle Gesteine verschiedenster Zusammensetzung und Herkunft, die während der Metamorphose in einem bestimmten Temperatur-Druck-Bereich geprägt worden sind (S. 110).

Fenster Erosionsloch, in welchem tiefere Baueinheiten, z. B. Decken, sichtbar werden («Unterengadiner-Fenster»).

Flysch Sedimente, die über einem werdenden Gebirge in tiefe, sich rasch verengende Meeresbecken geschüttet werden. Breccien, Sandsteine und Schiefer in rhythmischer Wechsellagerung.

Fossilien (Versteinerungen) Reste von Lebewesen der Vergangenheit in Gesteinen (→ *Leitfossilien).*

Gang Vorkommen jüngerer Gesteine in Spalten von älteren, z. B. Erz-, Quarz- oder Aplitgang. Bei den Magmatiten stehen die *Ganggesteine* zwischen den Plutoniten und den Vulkaniten.

Geochemie Teilwissenschaft der Geologie, die sich mit der chemischen Zusammensetzung der Erde und den chemischen Vorgängen auf und in der Erde befasst.

Geophysik Teilwissenschaft der Geologie, die sich mit dem physikalischen Aufbau der Erde und den physikalischen Eigenschaften der Gesteine befasst.

geothermischer Gradient Temperaturzunahme mit der Erdtiefe, angegeben in Grad pro Kilometer (°C/km); s. S. 109.

Geröll Allgemeiner Ausdruck für wassertransportiertes, gerundetes Gestein.

Gestein Natürliches Gemenge von Mineralien.

Gneis (auch ***Gneiss***) Plattig spaltendes metamorphes Gestein mit Glimmerbelag auf den Spaltflächen; meist quarz- und feldspathaltig.

Graben System von → Brüchen, bei dem eine mittlere Scholle gegenüber den beiden Nachbarschollen abgesunken ist.

Grundgebirge Kristalline Gesteine, die auf den Kontinenten die Unterlage jüngerer Sedimente – des Deckgebirges – bilden.

Hypozentrum Entstehungsort eines Erdbebens in der Tiefe (→ Epizentrum).

inkompetente Schichten – Ton, Mergel, Steinsalz, Gips – sind leicht deformierbar. Sie bilden bei der Faltung Gleithorizonte und passen sich dem Gerüst der → kompetenten Schichten an.

Intensität Schadenwirkung eines Erdbebens (→ Magnitude).

Intrusion Eindringen von Magma in ältere Gesteine (→ Extrusion).

Kern → Erdkern.

Klippe Isolierter Erosionsrest einer höheren Gebirgsbaueinheit.

Kluft Scharfe Fuge im Gestein, bei tektonischen Vorgängen wie Faltung und Schieferung oder beim Abkühlen von magmatischen Gesteinen entstanden.

kompetente Schichten sind ihrer Starrheit wegen schwer deformierbar, und bilden das Gerüst eines Faltenstapels (z. B. im Jura oder im Helvetikum). K. sind z. B. Kalksteine oder Sandsteine.

Konvektionsströme Grossräumige Fliessbewegungen in der → Asthenosphäre, verantwortlich für Plattenbewegungen und Gebirgsbildungen.

Kristalle Festkörper, in denen die Bausteine (Atome, Ionen, Moleküle) dreidimensional gesetzmässig in einem Kristallgitter angeordnet sind. Die meisten Festkörper, nicht nur die Grosszahl der Mineralien, sind Kristalle.

kristalline Gesteine oder ***Kristallin*** Sammelname für magmatische und metamorphe Gesteine, deren Mineralien bei erhöhten Temperaturen kristallisiert sind.

Kruste → Erdkruste.

Lagerstätte Wirtschaftlich interessantes Vorkommen nutzbarer Mineralien oder Gesteine.

Lava Gesteinsschmelze, die aus der Tiefe bis an die Erdoberfläche aufsteigen kann und dort, subaerisch oder submarin, ausfliesst (→ Vulkanite).

Lehm In nassem Zustand plastisches Lockergestein aus Ton, Sand/Silt, durch Eisenoxide gelb oder braun gefärbt. Oft Verwitterungsrückstand.

Leitfossilien Fossile Lebewesen, die für einen bestimmten Abschnitt der Erdgeschichte kennzeichnend sind.

Lithosphäre Oberste, sich starr verhaltende Schicht der Erde von 80 bis 150 km Dicke, aufgespalten in Segmente (→ *Platten*). Umfasst die → *Erdkruste* und einen Teil des → *Erdmantels*.

Lockergesteine Gesteine ohne festen Zusammenhalt (Sand, Kies, Schotter, Moränen).

Magma Gesteinsschmelze (→ *Lava*).

magmatische Gesteine Gesteine, die durch Erstarrung schmelzflüssiger Massen entstanden sind (→ *Magma*, → *Lava*).

Magnitude Bei einem Erdbeben freigesetzte Energie. Stärke auf der sog. Richterskala zwischen 2 und 9, jedoch gegen oben offen.

Mélange Chaotisches Gemenge von Gesteinen an einer Subduktionsnaht. Enthält Meeressedimente, Gesteine der ozeanischen Kruste (Basalt, Gabbro und Serpentinit). Syn.: Akkretionskeil oder -prisma.

Metamorphite (Syn.: *metamorphe Gesteine)* Produkte der → *Metamorphose.*

Metamorphose Mineralogische Veränderung von Gestein durch Druck- und Temperaturbedingungen, die von denen seiner Bildung verschieden sind.

Migmatit Gemischt aussehendes Gestein, dessen einer Bestandteil granitähnlich ist. Produkt einer teilweisen Aufschmelzung anlässlich intensiver Metamorphose.

Mineralien Einheitliche (homogene) Bestandteile der Gesteine.

Mohorovičič-*Diskontinuität* (kurz: *Moho*) Unterer Grenzbereich der → *Erdkruste* (in 10 bis 60 Kilometer Tiefe), charakterisiert durch einen sprunghaften Anstieg der Geschwindigkeit der Erdbebenwellen von 6 auf 8 km/sec. Bekannt nach dem Entdecker, dem jugoslawischen Geophysiker A. Mohorovičić.

Molassesedimente Ablagerungen im Vorland oder Rückland eines werdenden Gebirges: Konglomerate, Sandsteine, Mergel, Tone (→ *Flysch).*

Moräne Sammelbezeichnung für den von Gletschern mitgeführten Gesteinsschutt. Oberflächenmoränen (Rand- oder Seitenmoränen, oft wallartig, und Innenmoränen) führen eckiges Gesteinsmaterial sehr unterschiedlicher Grösse mit zum Teil riesigen Blöcken. Die Grundmoräne enthält feinstvermahlenes Material neben gerundeten und gekritzten Geröllen.

Nagelfluh Schweizer Dialektausdruck für Molasse-Konglomerate.

Ophiolithe (von ophis, gr. = Schlange). Sammelname für Gesteine der ozeanischen Kruste: Basalt, Gabbro, Serpentinit.

Orogen Gebirgssystem, Gebirge.

Orogenese Gebirgsbildung.

Orthogneise Sammelname für metamorphe → *magmatische Gesteine.*

Paläontologie Teilwissenschaft der Geologie, die sich mit den Lebewesen der geologischen Vorzeit beschäftigt.

Paragneise Sammelname für metamorphe Sedimente.

Pillowlava Untermeerisch erstarrte Basaltlava mit charakteristischen, kissen- oder schlauchartigen Formen. Syn.: Kissenlava.

Platte Segment der → *Lithosphäre.*

Plutonite (Syn.: *Tiefengesteine)* Gesteine, die aus einer Schmelze im Innern der Erdkruste erstarrt sind.

Profil Vertikalschnitt; entweder Schnitt durch eine Region zur Darstellung des Aufbaues («Querprofil») oder massstäbliche bzw. schematische säulenartige Darstellung einer bestimmten Schichtfolge (Bohrprofil, stratigraphisches Profil).

Regression Zurückweichen des Meeres im Verlauf geologischer Zeiträume (Gegenteil → *Transgression).*

sauer = kieselsäurereich. Saure magmatische Gesteine sind quarzreich und hell (z. B. Granit und Rhyolith bzw. «Quarzporphyr»).

Schelf Unter dem Meeresspiegel liegender Rand der Kontinente; Schelfmeere erreichen Tiefen bis zu 200 m (Beispiel: Nordsee).

Schichtung Flächiges Gefüge von Sedimenten, hervorgerufen durch Farb-, Korngrössen- oder Materialunterschiede des abgelagerten Sediments. Ursprünglich horizontal (Bildung in ruhigem Wasser) oder schräg als Schräg- und Kreuzschichtung (Bildung in bewegtem Wasser).

Schiefer Feinblättrig spaltende, glimmerreiche, metamorphe Gesteine (Glimmerschiefer, Tonschiefer).

Schilde Uralte, z.T. schildförmig aufgewölbte Areale kristallinen Grundgebirges (z. B. Baltischer Schild).

Schotter Grobkörnige Geröllablagerungen aus Bächen und Flüssen. Fluvioglaziale S.: Von Flüssen umgearbeitetes Moränenmaterial (riesige Schotterfelder im Vorland der eiszeitlichen Gletscher). Im Bauwesen eckiges, gebrochenes Gesteinsmaterial für Strassen- und Geleisebau.

Schuppe Gesteinsplatte oder -span tektonischer Entstehung («Minidecke»). Verschuppen bedeutet «in Späne zerlegen».

Sea-floor spreading → Spreizung.

Sedimente Gesteine, die aus älteren Gesteinen durch Abtragung, Transport in fester oder gelöster Form und Wiederablagerung entstanden sind:
- *biogene S.* sind unter wesentlicher Beteiligung von Tieren oder Pflanzen entstanden.
- *klastische S.* bestehen aus umgelagerten Trümmern älterer Gesteine (Konglomerate, Breccien, Sandsteine etc.).

sinistral Versetzungssinn bei → Blattverschiebungen. Syn.: linkshändig, s. S.145.

Spreizung Ausdehnung bzw. Vergrösserung des Meeresbodens an divergenten Plattengrenzen. Syn.: Spreading oder seafloor spreading.

Stein Ausdruck der Umgangssprache für ein Stück Gestein oder Mineral; in der Fachsprache der Geologen fast nur in Kombinationen verwendet: Kalkstein, Sandstein, Edelstein usw.

Stratigraphie Teilwissenschaft der Geologie, die sich mit der Altersabfolge der Sedimente beschäftigt. Mit S. bezeichnet man auch eine bestimmte Schichtfolge (zum Beispiel «die Stratigraphie der Wildhorndecke»).

Subduktion Abtauchen einer ozeanischen Platte *(Abb. 144)*.

Subsidenz Absenkung eines Meeresbeckens während der Ablagerung. Führt zur Anhäufung grosser Mengen von Flachwassersedimenten.

Synklinale Faltenmulde.

Tektonik Lehre vom Bau der Erde und den gebirgsbildenden Vorgängen. In der geologischen Umgangssprache auch als Synonym für «Baustil» gebraucht («...die Tektonik der Säntisgruppe»).

Tethys Im Mesozoikum entstandenes Urmittelmeer, aus dem später durch Zusammenschub die Alpen entstanden sind.

Tiefengestein → *Plutonit.*

Transformstörung → Blattverschiebung.

Transgression Vorrücken des Meeres während geologischer Zeiträume (Gegenteil → *Regression)*.

Trübestrom (Syn.: *Turbidity current)* Untermeerische Schlammlawinen am Kontinentalabhang.

Urgestein Veraltete Bezeichnung für → kristalline Gesteine.

Versteinerung → *Fossilien.*

Verwitterung Physikalische und chemische Zerstörung von Mineralien und Gesteinen an der Erdoberfläche infolge der Einwirkung von Sonnenstrahlung, Frost, Luftsauerstoff, Organismen usw.

Vulkanite (Syn.: *vulkanische Gesteine)* sind aus ausgeflossener oder ausgeworfener Lava entstanden.

Tabelle

Die Erdgeschichte der Schweiz

(s. Seiten 200/201)

Geologische Zeiteinheit				Alter in Mio. J.	Geologische Vorgänge		Gesteine
KAENOZOIKUM (Erdneuzeit)	**Quartär**	Holozän		0.01	Fortgesetzte Hebung und Abtragung der Alpen		Sedimentation von Kies und Sand in den Alpenrandseen
		Pleistozän		1.7	ALPINE GEBIRGSBILDUNG	Mehrere Eis- und Zwischeneiszeiten	Grundmoränen, Wallmoränen. Schotter in mehreren Terrassensystemen. Löss. Schieferkohle
	Tertiär	Pliozän		5		Jurafaltung. Helvetische Decken überfahren Molasse. Vulkanismus in der Ostschweiz	Alpennordrand: Nagelfluhfächer Mittelland: Überschwemmungsablagerungen, Sande in Flüssen. Vulkan. Tuffe Alpen: Als Folge der Metamorphose entstehen Tonschiefer, Glimmerschiefer Gneis, Quarzit, Marmor, Kalksilikatfels, Amphibolit, Augengneis, Eklogit, Blauschiefer
		Miozän	Obere Süsswassermolasse			Hauptfaltung der helvetischen Decken Aufreissen der Zerrklüfte und Entstehung der Zerrkluftmineralien	
			Obere Meeresmolasse	24			Mittelland: Sandige Flachmeersedimente
		Oligozän	Untere Süsswassermolasse			Bergeller Granit Deckenbildung im Penninikum und Ostalpin Metamorphe Überprägung voralpiner Gesteine (Sediment und Kristallin)	Mittelland: Überschwemmungsablagerungen. Sande
			Untere Meeresmolasse	36			Marine Mergel und Sande mit Muschelbänken
		Eozän		55		Einengung und Subduktion im Penninikum	Flyschsedimente: Breccien, Sandstein, Tonschiefer
		Paläozän		66			
MESOZOIKUM (Erdmittelalter)	**Kreide**	obere Kreide		98			
		untere Kreide		140	Zerfall des Urkontinents Pangäa und Öffnung des Urmittelmeeres (Tethys) zwischen Europa und Afrika		Meeressedimente in grosser Vielfalt (vorwiegend Kalk, Mergel, Ton, Sandstein) In Tiefseebecken Basalt und Gabbro
	Jura	Malm		160			
		Dogger		184			
		Lias		210			
	Trias	Keuper	Norien Karnien	230	Flaches, tropisches Meer		Bunte Mergel
		Muschelkalk	Ladinien Anisien	243			Dolomit, Kalk, Gips, Salz
		Buntsandstein	Skythien	250			Sandstein

PALÄOZOIKUM (Erdaltertum)	**Perm**		250		Kontinentale Verwitterung. Wüstenklima Sedimentation in Becken und Trögen Vulkanismus und Plutonismus	Rotgefärbte Sedimente: Konglomerate und Sandstein. Rhyolith/Quarzporphyr. Granite (Randa, Baveno)
	Karbon		290	VG	Kontinentale Sedimentation. Üppige Vegetation. Plutonismus und Vulkanismus	Dunkle Konglomerate, Sandsteine und Tonschiefer. Anthrazit. Granite (u. a. Aar, Mont Blanc, Bernina), Syenit, Diorit. Vulkano-sedimentäre Gesteine
	Devon		360		Entstehung des altkristallinen Grundgebirges während einer Reihe aufeinanderfolgender Gebirgsbildungen mit allen Begleiterscheinungen wie Faltung, Magmatismus, Metamorphose. Aufschmelzung, Hebung, Abtragung und Sedimentation	Grosse Vielfalt metamorpher Gesteine: Gneis, Migmatit, Glimmerschiefer, Marmor, Kalksilikatfels, Quarzit, Amphibolit, Granulit, Eklogit, Serpentinit, hervorgegangen aus einer ebenso grossen Vielfalt von Ausgangsgesteinen sedimentärer Natur (Kalk, Ton, Mergel, Sandstein etc.) und Magmatiten (Granit, Diorit, Gabbro Peridotit) und Vulkaniten (Basalt u. a.)
	Silur		410	KG		
	Ordoviz		440			
	Kambrium		500	CG		
PRÄKAMBRIUM			590	PG		

Vorpermische Gebirgsbildungen: VG = Variszische G. KG = Kaledonische G. ?CG = Cadomische G. ?PG = Präkambrische G.

Tabelle 8:
Grundlage dieser tabellarischen Darstellung der Erdgeschichte der Schweiz ist die international verwendete geologische Zeittabelle («Formationstabelle», «chronostratigraphische Zeitskala»). Man lasse sich nicht zu sehr von den fremdartigen Bezeichnungen beeindrucken: es sind einfach Namen für bestimmte Zeitabschnitte, die man im Verlauf der geologischen Erforschung der Erde nach den unterschiedlichsten Kriterien gegeben hat. Immerhin ist es von Vorteil, sich mit ihnen vertraut zu machen, wird doch in der Literatur und auf geologischen Karten ständig darauf Bezug genommen. Ergänzt wird diese Übersicht durch die detaillierten Unterteilungen der Schichtfolgen der ***Molasse*** *(S. 29), des* ***Juragebirges*** *(S. 45) und des* ***Helvetikums*** *(S. 81) sowie durch die Tabelle 5 «Eiszeiten und Nacheiszeit» (S. 160).*

Die absoluten Altersangaben sind der Tabelle «Geological Time Table» des Elsevier-Verlags, Ausgabe 1987, entnommen.

Register

(fettgedruckte Seitenzahlen weisen auf Abbildungen hin)

Fotos

J. Aufranc 23
Berner Höhlenforscher 76
ESA 14
Geiger, Flims 47
Gletschergarten Luzern 39
F. Hartmann 47
L. Hottinger 30
J. Meyer 54
Militärflugdienst Dübendorf 71
Paläontologisches Museum Zürich 86/5
T. Peters 41/5
D. Reist 59
Chr. Schlüchter 17
T. Schüpbach 67, 68
Schweiz. Verkehrszentrale 90
SVSM 97
swissair Photo + Vermessungen AG 11, 26, 27, 45, 73, 78, 80
F. Thierstein 95
H. Wäspi 72
M. Weibel 65

G. Wermelinger: hintere Umschlagseite

Alle anderen: T. Labhart

Zeichnungen

W. Frey 1, 2, 3, 11, 19, 20, 28, 31, 33, 34, 39, 46, 49, 53, 55, 57, 60, 61, 63, 82, 83, 84, 85, 88, 89, ferner S. 138 und 139
P. Heitzmann 81
E. Kaufmann 49
T. Labhart 44
F. Oberli 9, 22, 25, 29